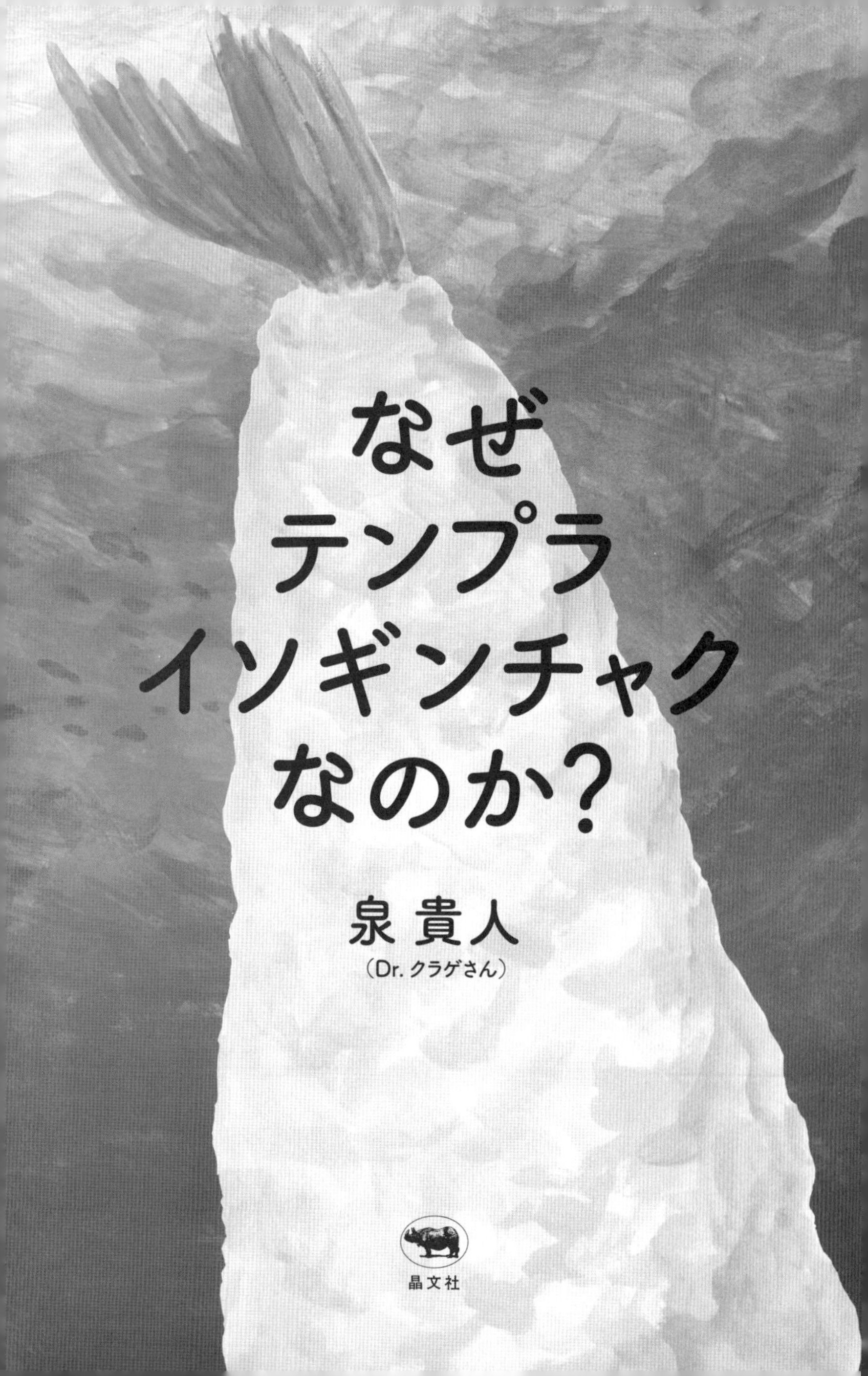

なぜテンプライソギンチャクなのか？

泉 貴人
（Dr.クラゲさん）

晶文社

なぜテンプライソギンチャクなのか?

目次

第4章 よろずの研究の果てに……

注意！

本書には「自慢」「ボケの渋滞《じゅうたい》」「あり余る毒舌《どくぜつ》」「強烈なメタ発言」などの要素が多量にふくまれます。そういった類《たぐ》いが苦手な方はご注意ください。
読書中に気分が悪くなられた方は、そこで中断されても構いませんが、その場合はＳＤＧｓ~~と著者の印税収入~~のため、古紙回収に出してください。
くれぐれも、その辺に投げ捨てないようにお願いします。

著者　拝

プロローグ
変人で偏屈なガキが、イソギンチャク道を志すまで

まるで落雷のようだった。
俺の頭に突如《とつじょ》、
インスピレーションの神様が
舞い降りた。
「そうだ、こいつを
〝テンプライソギンチャク〟と
名付けよう！」
あの日、
眼前に流れた海の風景を、
潮の香りを、
疾走《しっそう》する電車の音を、
俺は生涯《しょうがい》忘れねえ——。

世界的に有名なあのテンプライソギンチャク。その命名は、非常にドラマチックな……おっと危ねえ、いきなりこの本の核心部《かくしん》、タイトルまで回収しちまうところだった。世の中、美味《おい》しいものはしばらくあとで、と相場が決まっている。第一、読者の皆様は、俺のこともテンプライソギンチャクのことも、まだまったく知らないではないか。まずは俺の専門について、そして俺自身について語るから、しばらくお付き合いいただきたい。

イソギンチャクは、100人いたら99人が名前ぐらいは知っているだろう、有名な海の生き物である。しかしながら、「イソギンチャクって、そもそも何者？」と問われたとき、すんなりと答えられる方が果たしているだろうか？　そう、イソギンチャクは、骨も殻《から》もないその姿のごとく、非常につかみどころのない生物であるがゆえに、市井《しせい》には名前ぐらいしか知られていない。何より、イソギンチャクを扱う研究者の数自体がきわめて少ない。しかし、だからこそ、まだまだ新種や面白い生態がごまんと眠っている、ポテンシャルの塊《かたまり》なのだ。まさにブルーオーシャン！　海洋生物だけにね。

本書の著者である泉貴人《いずみたかと》は、日本で数人しかいないイソギンチャクの分類学者である。

さて、分類学……、最近、この言葉に聞き覚えのある方も多いのではないだろうか？

去年のＮＨＫの朝ドラ「らんまん」の主人公のモデルに、高名な植物分類学者、牧野《まきの》富《とみ》太郎《たろう》がまさかの抜擢《ばってき》をされたことで、巷《ちまた》はにわかに分類学ブームに包まれた（と思いたい）。野山で生物を採集し、標本をつぶさに観察し、ときに新種を見つけて名前をつける。実に泥臭《どろくさ》くも、クリエイティブな学問だ。その牧野富太郎、そして同時代を生きた南方熊楠《みなかたくまぐす》らの遺志《いし》を勝手に受け継いで、現代を生きる孤高《ここう》の分類学者、それがこの俺、泉貴人というわけだ。

思えば、俺は生まれながらの学者だった。

ガキの時分、公園遊びをしている頃《ころ》から謎のオーラがあり、ほかの子の親から3歳にして「学者肌《はだ》」と呼ばれた。我《わ》が両親も「こいつには研究者しかない」と期待をこめて育ててくれた。一説にはこれは、「俺が偏屈《へんくつ》すぎて、一般社会に適合できると思えなかったから」というあきらめの面もあったらしいが。

その約10年後、たまたま合格を得たのが開成中学・高校。学力や才能に長けた化け物たちが巣食う魔境のような学校だったが、その中でも俺の生物学の実力は抜きんでていた。それどころか、高校生のとき出場した生物学オリンピック※では、国際大会の日本代表団にまで食い込むことができた。だからその頃から、確固たる信念をもって「日本で俺が一番、生物学ができる」と豪語し、卒業文集では「俺は生物界の風雲児《ふううんじ》」「生物学の世界で伝説を作る」というとんでもない大言壮語《たいげんそうご》をぶち上げた。

そうして鼻息荒いまま、生物学の世界に飛び込むべく、伝統ある東京大学に入学。そして伝説が、ついに幕を開ける！


大学時代に、ひょんなことからイソギンチャクの分類学を始めてから、フィールドで、実験室で、そして水族館で、俺は色々な発見を成し遂《と》げてきた。あるときは、スポンジのような生物〝カイメン〟の中に棲《す》む謎の生物をイソギンチャクだと突き止め、世界初の共生関係を解明した。あるときは、北海道の干潟《ひがた》にシャベルを持って繰り出し、極寒の中、絶《ぜっ》滅《めっ》したと思われていたイソギンチャクを80年ぶりに掘り出した。またあるときは、沖縄の水族館の水槽の中で、15年も飼育されていたイソギンチャクを新種だと証明した。

そして、俺が何よりもこだわってきたのは、新種につける名前。本書のタイトルを飾る「テンプライソギンチャク」をはじめ、「チュラウミカワリギンチャク」「ギョライムシモドキギンチャク」「イチゴカワリギンチャク」「リュウグウノゴテン」……、いずれも奇抜でユニークな命名をしてきたものだ。これらの種《しゅ》すべてが、ただの研究成果をはるかに超越《ちょうえつ》した、我が子のような、愛《いと》おしい存在となっている。本書には、名付けに関する爆笑物のウラ話も満載だ。

そんな仕事を繰り返しているうち、いつしか俺は、日本人のイソギンチャクの新種発見数において、ぶっちぎりの歴代トップとなっていた！

牧野富太郎の時代ですら、「地を這《は》いつくばって植物を探す分類学は古い」とされたという。科学技術の発達した現在、そんな分類学者はまさに化石、過去の遺物のように思えるだろう。しかし、忘れないでほしい。現代でも、地や海底を這いつくばり、泥だらけ、海水まみれになりつつ、イソギンチャクを探している分類学者がいることを。そしてその苦行を乗り越えた結果、世界に誇るイソギンチャクの研究成果が、この日本から生まれていることを。

我《われ》、まさに、「イソギンチャク道《どう》」を究《きわ》めんとす。その〝生きざま〟を、手に取ってご覧いただきたい。本書を読み終えたとき、皆さまも、イソギンチャク道の入り口に立っていること請《う》け合いだ！

※生物学オリンピックは、年間１回、「日本で最も生物学ができる高校生」を決めるために行われるイベント。筆記試験・実験の実技試験など複数回の試験で高校生が競い合い、上位入賞者を表彰する。最上位の学生は、世界中の若者が競い合う「国際生物学オリンピック」への出場権が与えられる。この泉も高校３年生のとき、日本代表団に名を連ねている（補欠ではあったが）。

いざ、夢と冒険、ではなく、謎と怨念《おんねん》の渦巻《うずま》く、イソギンチャクの世界へ、ようこそ!

第1章
ひと夏の出逢い、そして伝説の始まり

本郷キャンパスでの講義のあと、
〝大将〟に見せられた一葉の写真。
「なんじゃこりゃあ!?」
そのイソギンチャクの異様さに、
俺は息を呑《の》んだ。
運命の歯車の一枚目が
セットされた、
記念すべき瞬間であった——。

新種
テンプライソギンチャク
Tempuractis rinkai sp. nov.

最初の師匠との出逢い

あれは2010年夏、泉が東京大学に入学して間もない頃だった。大学の附属施設《ふぞくしせつ》である三崎《みさき》臨海実験所で、1年生対象の臨海実習が開講された。生物好きの友人と3人で参加したその初日、俺は運命の出逢いを果たす。

講義の冒頭、ヌっと現れた一人の男。瞬時に戦慄《せんりつ》が走る。出てきたのは、アロハシャツと短パンを着こなし、足元はビーサン、長い髪を結んだ、やけに日焼けした大柄の男。こ、この男、どう見ても、只者《ただもの》ではない！　というか、一目見るかぎり、ただのサーファーの兄ちゃんだった。この人、ホントに先生なんだよね？

登場後数秒で強烈な印象を残したこの先生こそが、泉の人生の最初の師匠《ししょう》となる、伊勢《いせ》優史《ゆうじ》先生（三崎臨海実験所特任助教・当時）である（**図1**）。見た目こそチャラいが、何を隠そう日本一のカイメンの分類学者であったのだ。

カイメンとは、海に棲む〝無脊椎《むせきつい》動物〟、つまり背骨のない動物の中で、最も原始的な動物。通称は「スポンジ」といい、一部の種《しゅ》を乾燥させたものが天然のスポンジとして使われるような、そんな動物だ。つまり、骨どころか目も口も、手も足もない、ただの肉塊《にくかい》のような奇妙な生物である。この生物の研究者人口はきわめて少なく、伊勢さんはそのカイメンを扱う日本で唯一無二《ゆいいつむに》の分類学者だったというわけだ。

図1　伊勢さんと泉。信じられるか？　どっちもこの見た目で大学の（元）先生なんだぜ？

そんな〝大将〟と呼びたくなるような風貌《ふうぼう》の伊勢さんが主導する実習は、毎日臨海実験所の周りで生物採集をして、夜遅くまでその生物の観察・スケッチを行うという、一ミリもチャラくない非常に硬派《こうは》なものであった。そこで俺は伊勢先生から〝分類学〟という学問を教えてもらった。分類学とは、平たくいえば「世のあらゆる生物を観察し、仲間分けを行い、名前のついていない生物がいれば名前をつける」という学問である。もっと簡単に一言で、「新種を見つける学問」といえば話が早い。生物学に馴染《なじ》みのない方でも、「新種」という言葉は聞いたことがあるだろう？　実に魅力《みりょく》的で、甘美《かんび》な響き。しかも、愛する生物を採集して、自分で名前をつけられるという、こんな〝俺得《おれとく》〟な学問がほかにあるだろうか？　伊勢さんのいかにもチャラそうなガラに合わない熱弁もあって、思わず引き込まれた。

その実習で、俺は図らずも伊勢先生の目にとまる。スケッチにおいて、俺は偶然採集された「ギンカクラゲ」というクラゲを描いたのだが、その異様なまでの完成度！　そして俺がことあるごとにクラゲ愛を語るものだから、伊勢さんの中でずっと「アイツはいったい何者だ？」という印象が残っていた、らしい。これが伊勢先生とのファースト・コンタクトであり、現在まで続く腐れ縁、もとい、長い師弟《してい》付き合いの始まりだった。

再会　〜お前は、何者だぁ!?〜

２０１２年の初夏、大学3年目を迎え、理学部生物学科に進学した俺。※理学部生物学科は明治時代から続く東大の動物学教室の系譜《けいふ》であり、数々の生物学者を世の中に輩出《はいしゅつ》した〝名門中の名門〟である。あ、いまさらだけど、この本は全編通して、あえて自分で自慢するスタイルでいくからね。ここまで孤高の学者になると、誰も褒《ほ》めてくれないから。

さてさて、その生物学科のカリキュラムの中に、三崎の実験所で行われる臨海実習があった。そこで、俺は伊勢先生と再会した。そう、三崎臨海実験所は、うちの理学系研究科の附属だったんだ（**図2**）。伊勢さんは相変わらず、あの大将然とした独特な風貌と、分類学への熱意をあわせ持っていた。そんな先生のもとで勉強できるという幸運は、俺に分類学研究の第一歩を踏み出させるには十分過ぎた。

図2　遥かなる三崎臨海実験所。なおこの歴史ある建物は、老朽化により2019年に解体されることとなった。

さて、理学部の臨海実習は、当然1年生向けのものより期間も長く、専門的になる。東大の臨海実習は磯《いそ》・干潟・船などを駆使して採集した多数の海洋生物の観察・スケッチを基礎《きそ》とするから、生物学科の学部生の中でも、けっこう好き嫌《きら》いが分かれる。当然俺は、ラボ実験なんかよりそっちの

※東京大学では、1、2年生では全員が教養学部に所属し、3年で各学科に進学するというかたちをとる（いわゆる進学振分《シンフリ》け という奴）。よって、東大では教養学部の卒業生をのぞき、入学時と卒業時の学部が違うのが通常なのである。泉を例にとれば、入学したのは教養学部の理科Ⅱ類。その後、3年生で理学部生物学科へ進学したというわけだ。

方が好きなので、ひったすら臨海実習を楽しんでいた。

まあ、俺は当時から変人の集まる生物学科の連中の中でも傑物《けつぶつ》扱いだったし、〝変人は変人を知る〟、強烈な伊勢さんとウマが合ったのも当然かもしれない。


そしてすこし時は飛び、季節は3年生の冬。卒業研究（卒研）のテーマ決めの時期となったとき、一つの問題が生じる。勘《かん》のいい読者さんはお気づきかもしれないが、泉が一番好きなのは、クラゲなのだ。X（旧ツイッター）でも「Dr.《ドクター》クラゲさん」の名を使っている。あ、この本はイソギンチャクの話だけど、一人称としてDr.クラゲさんをガンガン使っていくから、そのおつもりで。とにかく、卒業研究はぜひクラゲを……と希望していたのだが、クラゲという生物はあまりに脆《もろ》く、採集しても素人《しろうと》が分析《ぶんせき》できるほど簡単な生物ではなかったのである。ああ、卒業研究のテーマ、どうしようか……。

そんな折、たまたま伊勢さんの講義があったのだが、その講義後に先生から出し抜けにこんな提案があったんだ！

「泉君よ、この生物、調べてみないかい？」

見せられたノートパソコンのディスプレイに、俺は息を呑む。そこに映っていたのは、きつね色（？）をしたカイメンだったのだが、なんとその先端から、糸のような赤っぽい触手が無数に生えていたのである（**図3**）。

「え!?　触手の生えたカイメンなんていましたっけ!?」と、思わず聞き返してしまう俺。

「ちゃうちゃう！　カイメンの中に刺胞《しほう》動物が住んでんのよ！　これが何者か、調べるのも面白いテーマじゃない？」と、伊勢さん。

たしかに、海洋生物マニアの俺をして、何者か想像もせしめぬヘンな生き物。しかしこれ、どう見てもクラゲではない。だから正直、あまり乗り気にはなれなかった。しかし、卒研はあくまで〝研究者になるための修行〟。一応、やってみる価値はあるか……。そんな感じでなかばしぶしぶ、この謎の生物たち、正確にいえば「カイメンと刺胞動物の共生体《きょうせいたい》」を研究テーマに選び、のちに俺は卒研生となる。

一見、仲のいい教員と学生との、何気ない講義後の会話。だが、これこそがのちに「テンプライソギンチャク」と名付けられる、運命の種《しゅ》なんだよね。つまり、俺（と伊勢さん）

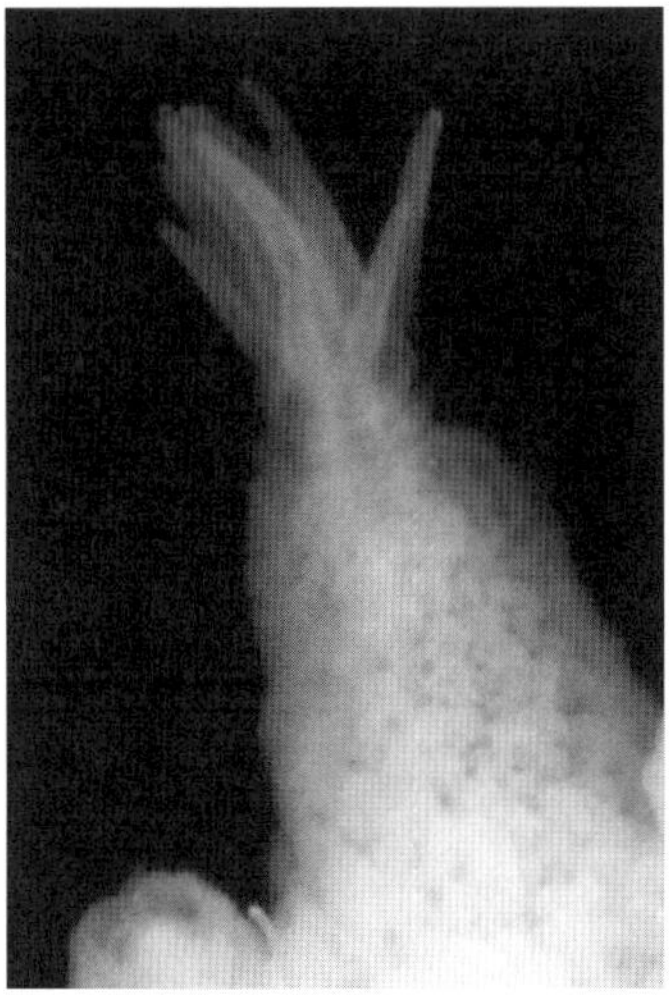

図3　伊勢さんに見せられた謎の生物。これが俺の人生を決めたんだから、何があるかわからない。（伊勢優史氏提供）

の研究者人生までをも振り回す、数奇《すうき》な出逢いだったというわけだ！

イソギンチャクって？　分類学って？

さて、本書は簡単にいえば、分類学者である泉の「イソギンチャク道」の軌跡《きせき》を語ったものだ。しかし、読者の皆さまにおかれては「イソギンチャクって、そもそも何者だよ？」「分類学って難しそ〜」ってな感じだよね？　では謹《つつし》んで、イソギンチャクと分類学について、可能なかぎり簡単に教授しよう。

突然だが、皆さんが家で「すき焼き」を食うときにすることを考えてみよう。出前館やウーバーイーツを使ったりしないかぎりは、スーパーマーケットに買いに行くだろう。さて、すき焼きの主役の牛肉を買うとき、皆さんはどこに行く？　大体、食料品売り場→生鮮食品売り場→肉売り場→牛肉のコーナーと進み、ステーキ用・カレー用などがある中で、目的のすき焼き用の肉を買うだろう。さあ、これが〝分類学〟だ。

……さすがに説明が乱暴すぎるか？　言いかえれば、

・「すき焼き用の牛肉」は、「牛肉」であり、「肉」であり、「生鮮食品」であり、「食料品」でもある。
・たとえば、「ステーキ用の牛肉」はすき焼き肉と同じ「牛肉」の仲間である。同様に、「豚《ぶた》肉《にく》」は牛肉と同様に「肉」の仲間であり、「魚」は肉と同じ「生鮮食品」――というような、仲間分けができる。
・食料品→生鮮食品→肉→牛肉→すき焼き肉という〝階層構造〟が成立している。

これを図示すると**図4**のようになる。ほかにも、すき焼きでいえば「卵」「ネギ」は「生鮮食品」の中で肉とは独立したグループだし、「醤油」「酒」なら生鮮食品ではなく「調味料」のコーナーにあるだろう。「鍋」を買いたければ、そもそも食料品コーナーに行かないだろうしね。そもそも鍋がないのに家ですき焼きしよう、というバカはいないだろうが。

そう、我々が日常で使っている、この〝仲間分け〟の考え方。平たくいえば、これこそが、〝分類学〟なのだ。俺ら分類学者は、日々生物を集めては、「これは何の仲間だろう？」という疑問を解決していく。本当に、すごく単純で、わかりやすい学問なんだよね。泉は、イソギンチャクにおいて、この〝仲間分け〟のプロフェッショナルというわけだ。

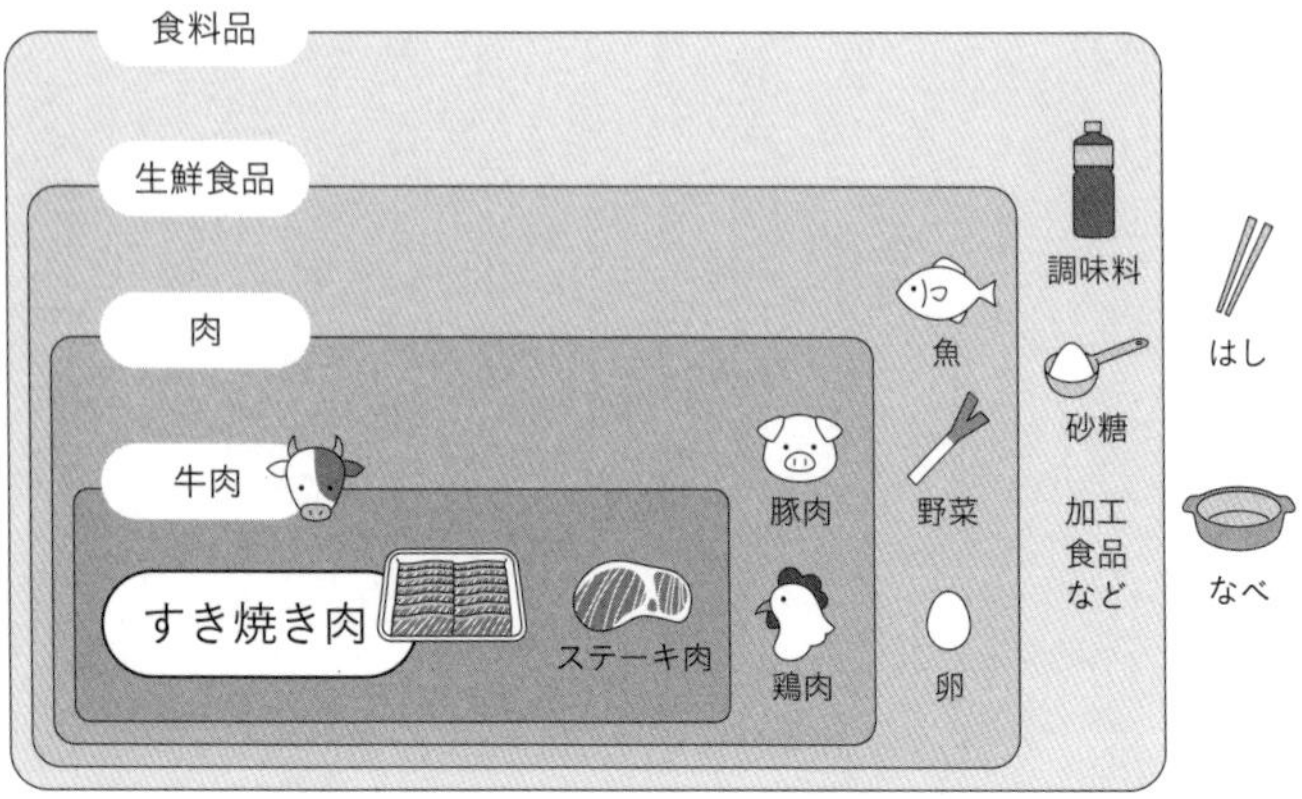

図4　すき焼きの分類学。左の生物の分類学と見比べてくれ。そっくりだろ？

さて、今度はイソギンチャクについて語るのだが、その前に。

さっきの食料品のように、生物の分類にも、大きなくくりや小さなくくりの階層構造が存在している。生物学においては、上から「界《かい》・門《もん》・綱《こう》・目《もく》・科《か》・属《ぞく》・種《しゅ》」というくくりがある。高校生物をやった方なら「買《か》い物項目《ものこうもく》、家族《かぞく》で朱《しゅ》書《が》き」みたいな語呂合わせを習ったんじゃないかな？　あとあと必要になるので、それぞれを軽《かる》うく説明してみよう。

・界《かい》（Kingdom）：分類の中で一番大きなグループ。「動物界」「植物界」など
・門《もん》（Phylum）：○○動物、なんて呼ばれるくくり。「脊椎《せきつい》動物門」「刺胞《しほう》動物門」など

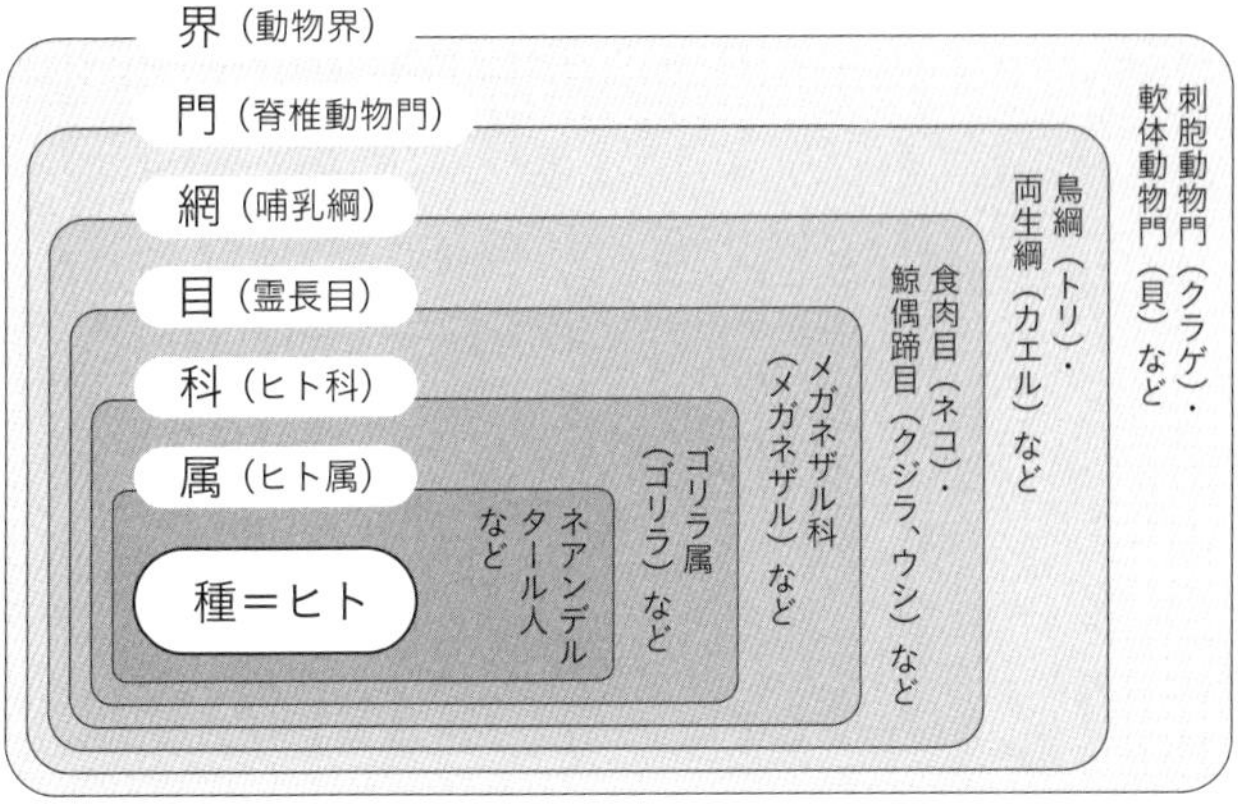

図5　生物の分類学。ヒトは小さく言えばサルの仲間、大きく言えば動物の仲間ってことだ。

・綱《こう》（Class）：大まかな形態の共通点を持つグループ。「哺乳《ほにゅう》綱」「両生綱」など
・目《もく》（Order）：ここまでが〝上位分類〟と呼ばれる。「霊長《れいちょう》目」「食肉《しょくにく》目」など
・科《か》（Family）：ここから下位分類で、世間でも有名なくくり。「ヒト科」「メガネザル科」など
・属《ぞく》（Genus）：学名にもなる、分類では最小のくくり。「ヒト属」「ゴリラ属」など
・種《しゅ》（Species）：生物の基本単位であり分類の終着地。「ヒト」「ネアンデルタール人」など

ヒトでいえば、**図5**で示したように動物界・脊椎動物門・哺乳綱・霊長目・ヒト科・ヒト属のヒト（ホモ・サピエンス）ということになる。……なんだか難しそうだって？　何のことはない、だって、「人間はサルの仲間だ！」とか、「魚、

カエル、鳥には背骨がある」とか、小学校の理科でも聞いたことがあるよね？　それを専門用語にしただけなんだよ。

余談だけど学者って、自分でカッコつけたいのか、ことあるごとに難しい言葉で語りがちなんだよね。だけど、簡単なことを難しい言葉でしか語れない奴なんて、はっきり言って三流のバカだよ。一流の学者なら、どんなに難しいことでも簡単に、一般向けに語れなきゃな。……あっぶね、研究業界全体を敵に回すところだった。くわばらくわばら。

さて、イソギンチャクの話をするのにどれだけ紙面を使う気だよ！　とお叱りが来そうだから、話を戻《もど》すね。

イソギンチャクとは、「イソギンチャク目」に属する生物の〝総称〟だ。言いかえれば、世界に「イソギンチャク」という種はいないのよ。有名な種でいえば、「ウメボシイソギンチャク」「ヨロイイソギンチャク」などだろうか？　だけど実際のところ、世界中で約1200種が知られている、メチャクチャ大きなグループだ。だから俺が〝イソギンチャク〟とだけ言えば、「イソギンチャク目の生き物」を指すのだと考えてね。

イソギンチャクがどんな生き物か？　ということを語るには、まずその〝上位分類〟に注目する（すき焼き肉って何？　と聞かれたら、「牛肉です！」というように）。イソギンチャクは、分類で言えば「刺胞動物門《しほうどうぶつもん》」の「花虫綱《はなむしこう》」に属する。刺胞動物門には、イソギンチャクのほかにクラゲやサンゴなどが属している。その共通点はわかるかな？　〝毒針でチクリと刺《さ》す〟生物ってイメージがない？　実は、「刺胞動物門」の〝刺胞〟って、刺すための毒針をもった細胞のことなのよ。これを持っているクラゲ、サンゴ、イソギンチャクが仲間なわけです。で、その下にある「花虫綱」ってのは、「海底の花みたいな動物」というイメージ。ほら、クラゲは浮いているけど、イソギンチャクやサンゴは海底にくっついているでしょ？　刺胞動物は「浮いているグループ（クラゲ）」と「くっついているグループ（イソギンチャク・サンゴ）」に分かれるわけね。

さて、イソギンチャクを可能なかぎり簡単に示したのが**図6**。花みたいな見た目の生物だけど、どちらかといえば〝袋《ふくろ》〟と呼んだ方が実情を捉《とら》えているかな。ひらひらした部分は、獲物《えもの》を捕らえるための「触手」と呼び、ここに先ほどの刺胞がある。この花びらのような触手で獲物を絡《から》めとり、毒針でダウンさせるんだよね。その触手の輪の中、花の中心のような部分には口がある。そしてその下は、袋状になっているんだけど、ここは全部「胃腔《いこう》」と呼ぶ空間。つまり、イソギンチャクって〝体中が胃〟なんです。ポケモンもびっくりの、きわめて異様な生物だよね。そしてさらに、イソギンチャクにケツの穴（肛門）はありません。つまり、消化できなかった餌《えさ》は、口から吐き戻すのだ。

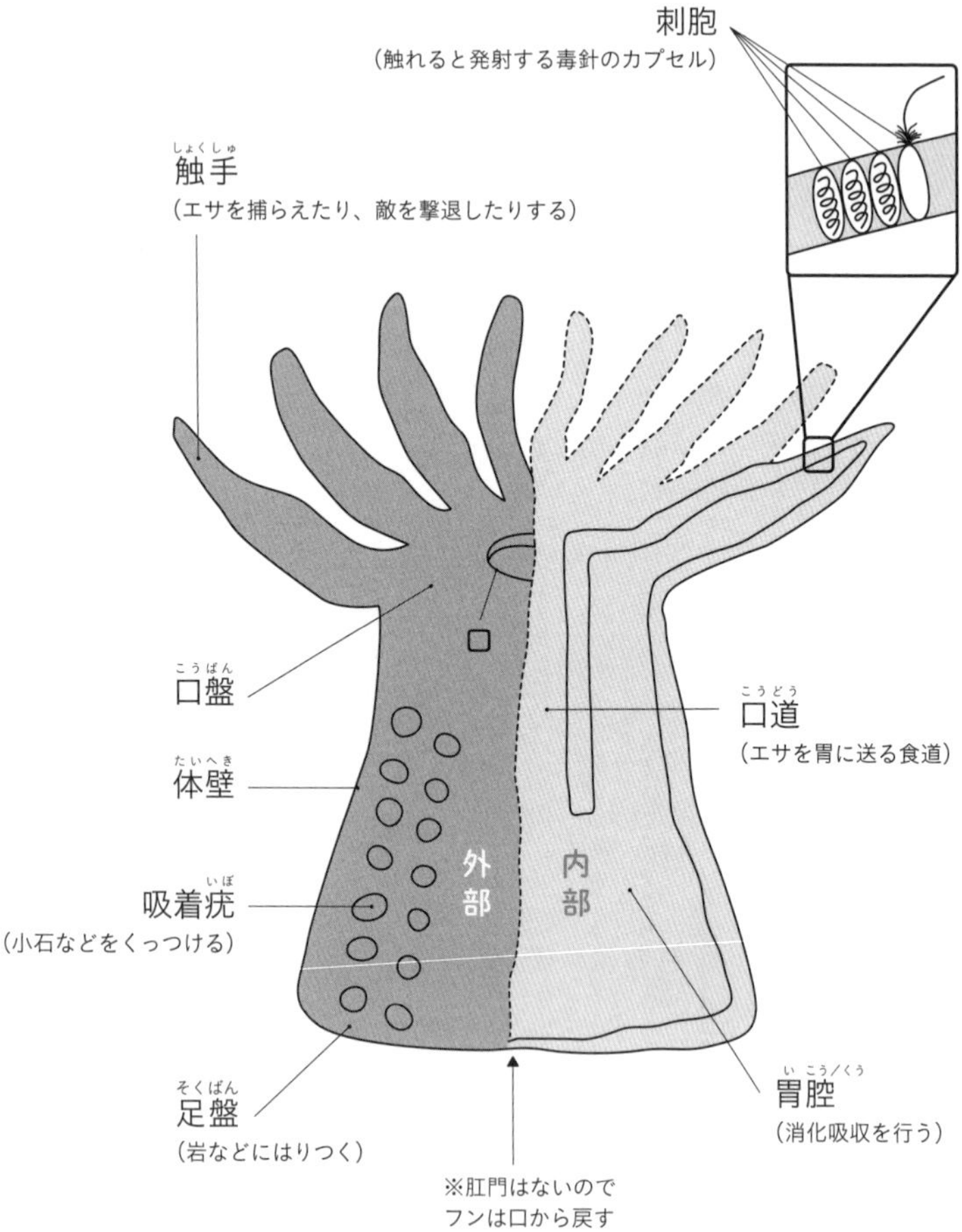

図6　イソギンチャクの“雑な”模式図。左が体の外側、右が縦断面。

イソギンチャクにはほかにも特徴的な構造があるのだが、それは必要に応じて解説します。本書はあくまで、俺の自慢……ではなく、研究の軌跡を記すもので、解説本じゃないからね。とりあえずは「海底にくっつき、刺胞を持つ、袋状のヘンな生物」てなイメージをもって、進んでくれ。

輝かしい（?）研究人生のデビュー

さて、ようやく研究の話に戻る。２０１３年４月、俺はふたたび、伊勢さんのもとへ。つまり、三崎臨海実験所の研究室配属となったのだ。三崎臨海実験所は、神奈川県三浦《みうら》市にある、日本で最も歴史のある大学附属の臨海実験所。ほら、朝ドラの「らんまん」で、主人公が属していた大学の植物学教室の田邊《たなべ》教授に嫌味《いやみ》言ってくる、動物学教室の「美作《みまさか》教授」っていたでしょ？　あの人のモデルは「箕作佳吉《みつくりかきち》」って人なんだけど、この人こそ東大の三崎臨海実験所の初代所長にして、日本の海洋生物学の祖《そ》なんだよね（だから、個人的に「らんまん」の田邊先生に、イマイチ感情移入できなかったのよ。美作先生、もとい箕作佳吉のライバルだから)。そんな伝統ある臨海実験所に、俺は2か月間の〝プレ卒研※〟のために赴《おもむ》いたんだ。

そんな三崎へ配属された際、俺のプレ卒研の研究テーマはイソギンチャクではなく、本命のクラゲの採集だったんだよな。ただ、その背後で例の「謎のイソギンチャクとカイメンの共生体(以下、共生体)」の研究も、伊勢さんの指導のもとで細々《ほそぼそ》と始めていた。

俺が三崎臨海に行って間もない4月、伊勢さんが磯で生きた共生体を採集していた。そうして俺は、ついにそのイソギンチャクとカイメンの生きた姿を初めて目にする!

うーん……、意外と、写真で見たほどにはインパクトねえな。

というのも、このイソギンチャク、触手を伸《の》ばしても2~3ミリぐらいしかない。イソギンチャクが多数埋《う》まったカイメン全体(**図7**、のちに、〝天ぷらの盛り合わせ〟と呼ばれる)でも、直径5センチほどしかないんだよね。早い話が、この共生体の主役たち、肉眼ではなく顕微鏡サイズなのよ。

てなわけで、伊勢さんが採集してきた共生体を、顕微鏡で観察してみた。しかし案の定、これが何者かはまったくわからなかった。だって、刺胞動物っぽい生物はカイメンに包まれているから全貌がわからないし、何より全長が1センチメートルもない……。おまけに当時は学部4年の駆け出し、クラゲ以外の刺胞動物の専門的な知識はほぼゼロ。つまり、恥

図7　伊勢さんが見せてくれた謎の生物の共生体。最初に見た時は、正直何もわからんかった（笑）。

ずかしながら当時は、これがイソギンチャクかどうかすら、定《さだ》かではなかったわけだ。
そんなこんなで、共生体が何者かを判別することもなく、クラゲをひたすら愛《め》でながら、プレ卒研の前半は終わってしまったのである。思い描くような、鮮烈な輝かしいデビューはどこへやら（汗）。

本郷キャンパスでの鬱屈

プレ卒研の後半の舞台は、本学の本郷キャンパ

※東大の動物学教室の後身である「理学部生物学科」は、卒業研究もすこし特殊《とくしゅ》で、まず夏学期に2か月ずつ二つの研究室に配属されて研究の体験をするいわゆる〝プレ卒研〟を行い、その後冬学期に初めて〝卒業研究〟を4か月行うのだ。だから、俺の三崎臨海実験所の配属は卒研の1年間ではなく、4、5月の2か月だったというわけ。

パス。貝（カタツムリ）の分類学をやっている研究室に配属された。この研究室は、冬学期の卒研でも引きつづきお世話になるのだが、海から遠く離れた陸地にある当研究室ではクラゲの研究ができないので、与えられた貝の観察をしていたんだよね。しかし、俺は貝の研究には、どうしても興味を持てなかった。ああ、やっぱり刺胞動物がやりてえなあ……。

そんな感じで鬱々《うつうつ》としていたなか、本郷の指導教員と、卒業研究のテーマの話し合いがあった。貝のテーマを与えようとした卒研の指導教員に対し、俺は一言。

「貝はもう飽きたので、刺胞動物がやりたいです」

まさかの拒否《きょひ》に指導教員は驚きつつも、「じゃ、お前は思いあたるテーマがあるのか？」と返してきた。ちなみにこの先生は、講義こそ面白いものの、かなり無愛想かつ強面《こわもて》であり、かつ学問には一切妥協《だきょう》のないタイプのまさに〝ボス〟という感じの人だったから、ひよっこが研究テーマを説得するにはなかなかハードルが高い御仁《ごじん》だったんだよな。

そんなとき、俺の頭の中によみがえってきたのが、例の〝共生体〟だった。だから、俺は若干《じゃっかん》気おされつつも、それを提案した。

その後、侃々諤々《かんかんがくがく》の議論……というより、「本当にそれ、うちのラボでできんのか？」とか「イソギンチャクの研究するのに、どういう設備を使う計画なんだ？」などの厳しい試問があったものの、なんとか例のイソギンチャクの研究を押し通すことができたのである。

実際、卒業研究期間の4か月だけで〝何者かもわからない〟種《しゅ》を分析するなんて、本来無謀《むぼう》すぎる。いま俺が考えても、正気の沙汰《さた》じゃないもん、それ。あの厳しい学問の鬼を、よく説得できたと思うよ。

そして、不安はさらに増大する。その頃、伊勢さんがしれっと三崎臨海実験所を退職してしまった！　伊勢先生が勤めていた三崎臨海実験所の助教は任期が5年間であり、ちょうどその任期が10月で切れたものだから、やむなく退任となってしまったのである。知ってのとおり、例の共生体を研究するには、カイメンの専門家である伊勢さんが不可欠。これで伊勢さんが遠方、特に海外に行っちまったりしたら、俺の研究はどうなるんだ!?　やっべえ、さっそく暗雲《あんうん》が……。

共生体に〝文字通り〟メスを入れろ！

ありがたいことに（?）、伊勢さんは次の職がすぐには決まらなかったので、しばらくは東京近郊《きんこう》にいてくれることになった。よって、俺の卒研は指導教員のほかに、伊勢さんのバックアップも受けながら続けられることになる。よかった、のかは置いておいて、俺は本郷キャンパスと三崎臨海実験所を往復しつつ、イソギンチャク共生体の研究を進めることができた。

そして、謎の共生体に、ついにメスを入れるときが来た！

これは比喩ではなく、共生体の標本を〝文字通り〟メスで切り裂き、カイメンの中に何が共生しているのかを調べたんだ。見慣れない顕微鏡の視野で、慣れないメスとハサミとピンセット（しかも、学生実習用の器具だから、共生体に対してはミョーにでかい奴）を振り回し、サンプルを解剖《かいぼう》していく。まさに悪戦苦闘。しかし、俺には生物学オリンピック日本代表団の、それも実技試験で点数を稼《かせ》いできたプライドがある。手先の器用さこそ俺のウリ、こんなところであきらめてどうする！

そうやって自分を鼓舞《こぶ》し、夜も更《ふ》けるまで集中してこのカイメンを剝《む》いてみると、中にはまるで春雨《はるさめ》のような、華奢《きゃしゃ》な感じの刺胞動物がいた。うーん、イソギンチャクといわれればまあ納得はできるんだけど、全然一般的なイソギンチャクじゃないってか、見たこともない形態だ。こんな変なイソギンチャクいるのか？

続いて、伊勢の大将の指導のもと、共生体の〝断面〟を作る作業に入る。実はイソギンチャクの分類には、その体の断面を作成する工程が必須なのね。ふたたびイソギンチャクの解説に戻るのだけど、イソギンチャクの体を輪切りにしたとき、放射状に走る〝筋《すじ》〟を観察することができる。この筋は「隔膜《かくまく》」と呼ぶのだが、実はここがイソギンチャクの〝内臓〟の役割を担う部分。すなわち、付随《ふずい》する筋肉による体の収縮や、消化した餌の栄養の吸収、そして卵や精子の作成までを担《にな》う、イソギンチャクの生命活動において最も大事な部分なんだよね。それと同時に、その配列（隔膜の数や並び方、筋肉の向きや形状など）は、イソギンチャクの分類においても欠かすことのできない、重要な形質なんだ。

断面を作成するときには、「ミクロトーム」と呼ばれる専用の機械を用いる。この機械では、イソギンチャクのような柔らかい生物を、うす〜〜〜〜〜〜〜〜くスライスすることができる。その厚さ、なんと500分の1〜1000分の1ミリメートル！　人間がどんなにカミソリで薄く切ろうが10分の1ミリが限界なところを、機械の力ですさまじく薄く切るのだ。ちなみに、この機械、ものすごく高い。のちに、必要にかられて自分専用のミクロトームを入手したけど、一番安いので47万円しました。俺の研究人生の中で、最も高い買い物ですわ（汗）。

兎《と》にも角《かく》にも、三崎臨海実験所の研究棟《けんきゅうとう》に夜通し籠《こ》もり（まあ、昼間は海でクラゲ採って、夕方から夜にかけては仲のいい技官さんと飲んでたからだけど）、イソギンチャクとカイメンの断面を作り上げることができたのである。

ラッキーナンバー、それは〝8〟

そんな風にして、なんとか切断が完了《かんりょう》した共生体を観察してみた。結果、顕微鏡の視界には、こんなものが映っていた！（**図8**）おそらく読者の100・00％の皆さまが、何を見ているのかわからないだろう。

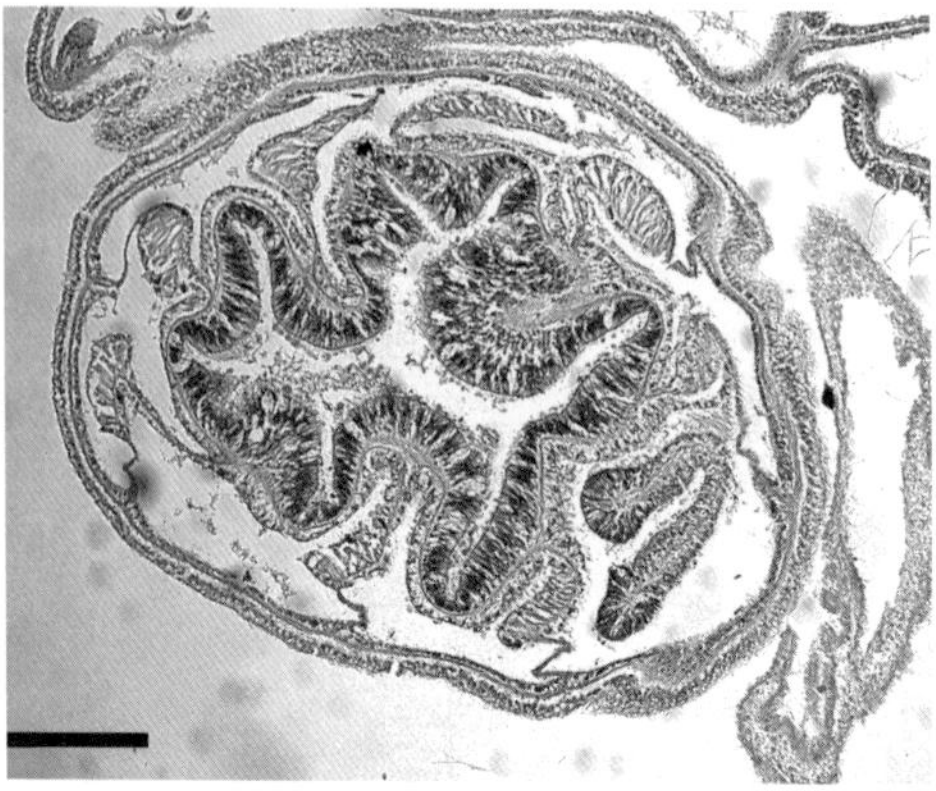

図8　顕微鏡を覗き込んだら……こんなものが。プロはこれを見ると狂喜乱舞する。変態だ！（伊勢優史氏提供）

では、模式図（**図9**）を使って軽く解説してみるね。これは見てのとおり、イソギンチャクの体を〝輪切り〟にしたもの。図の中央にあるイソギンチャクの体には、8枚の「隔膜」が放射状に走っている様子が確認できる。この〝8枚〟という数字、メチャクチャ大きなヒントなんだ。というのも、ほぼすべてのイソギンチャクは、〝最低〟12枚の隔膜を持っていることが知られている。8枚しか隔膜を持たないグループ

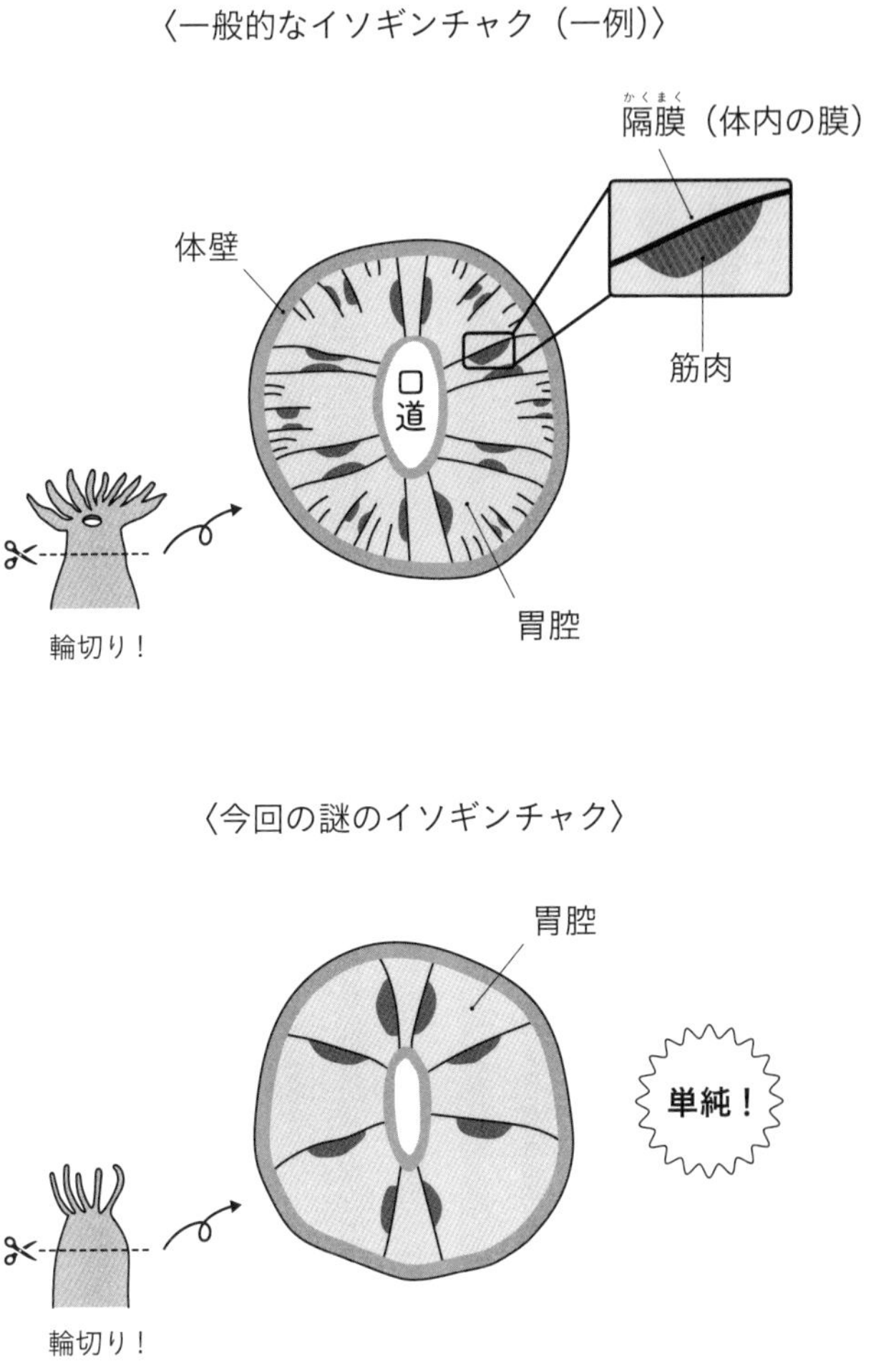

図9　イソギンチャクを輪切りにした模式図。謎のイソギンチャクは、普通の種に比べて明らかに隔膜が少ない。

は、イソギンチャク目に約40ある「科」の中でもわずか2科だけしかない。

しかも、その体の下部分を切った断面には、成熟した精巣が映っていた。つまり、「幼体だから隔膜が少ないだけじゃないの？」という疑問にも、ちゃんと反駁《はんばく》できる結果を得られたわけだ！

それにしても、当時はこの断面を見ても、その〝すごさ〟がまったくわからなかった。いまの泉がこれを見れば、一瞬で何者かを判別でき、その独特さに感嘆するだろう。学者って、日夜こんなものを見てテンションが上がるんだよ。紛《まが》うことなき変態だね。

数奇な運命？　ムシモドキギンチャク科

さて、いきなり結論を言おう。謎の共生体の中にいたイソギンチャクは、「ムシモドキギンチャク科」という科に属していた！

ムシモドキギンチャク科は、前述した「輪切りにしたときの隔膜が、8枚しかない」、珍しい科の片割れである。この科は、イソギンチャクの中でもとりわけ〝奇怪《きっかい》〟なグループだ。隔膜が8枚という体内の特徴もさることながら、まずその外見もへんてこなんだ。ムシモドキギンチャク科の姿を見てよ（**図10**）。

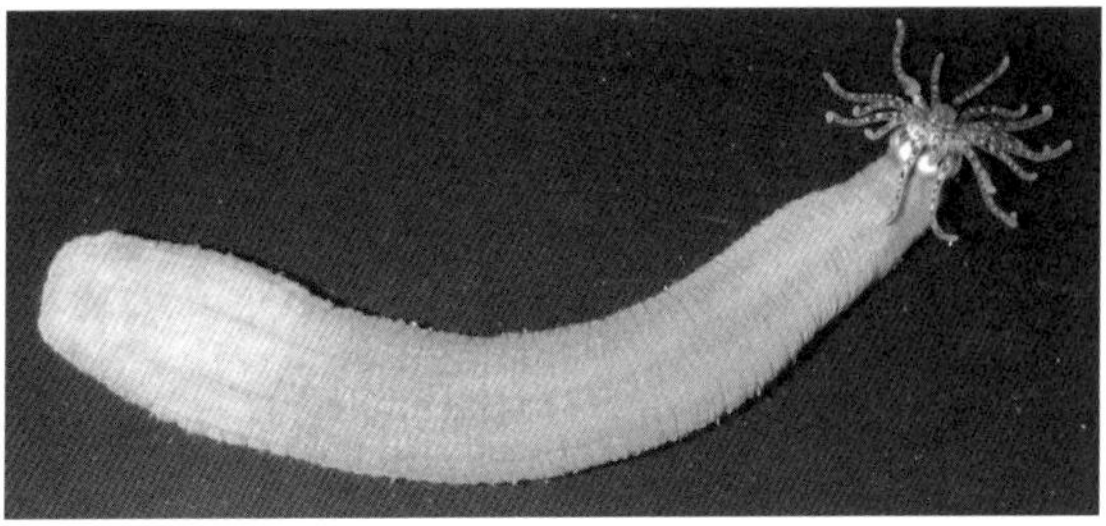

図10　ムシモドキギンチャク科。これ見て一瞬でイソギンチャクと判断出来たら、学者になれるよ。（田中正敦氏提供）

これ、初見でイソギンチャクだとわかる人はいないと思う。どう見ても、うにょうにょした虫、ゴカイとかミミズの仲間じゃないの？　と思った人が大半だろう。実際、〝ムシモドキ〟という名前自体がこの「虫みたい！」と言いたくなる姿からつけられている。なんとも安直な。

で、奴らはその姿に違《たが》わず、体のほとんどを砂にうずめて生活している。ほかのイソギンチャクみたいに岩にくっついているわけではないから、一般人が見る機会なんかほとんどない、ド・ド・ドマイナーなグループというわけだ。

そんな感じで、共生体に住む謎の種は、「イソギンチャクの中でも2科しかないような形態を持つ、とびっきり変なグループのひとつに属する」という結論まで得られた。なお、もう一つの候補だった「ムカシギンチャク科」と呼ばれるグループは、100年以上前にヨーロッパの深海からしか採れていないので、即候補から外れていた。こんなの日本にいるわけないし。

そんな感じですごくうまく科を決め打ちできた。断っておくが、ろくすっぽ方法論を知らない学部生が、いきなり〝何者かわからない〟刺胞動物を調べようなんて、本来は無謀も無謀な挑戦《ちょうせん》だよ。ところがどっこい、研究を始めたら、幸運にもいきなり科を判明させるという〝王手〟をかけられた。わかりやすい種で、本当に助かったぜ。

しかし、このムシモドキギンチャク科、俺のイソギンチャク道のど真ん中にずーっと居座る〝終生のテーマ〟になるとは、このときは知るよしもなかった。

ヘンofヘン ～新属新種の誕生秘話～

しかし、すんなりいったのはここまで。この先の同定《どうてい》に関しては、メチャクチャ苦労したんだ。あ、〝同定〟というのは、「コレだ！」と思う種やグループを突き止めるということ。これからいっぱいこの言葉が出てきます。

あらためて整理すると、謎のイソギンチャクはムシモドキギンチャク科とは同定できた。しかしこの先、属、さらに種を同定する必要があったんだ。

ムシモドキギンチャク科には、当時11の属があった。最大のムシモドキギンチャク属のほかに、実験動物になっているネマトステラ属（章末のイソギンチャク図鑑❶）、さらには南極の氷の中に棲む珍種（イソギンチャク図鑑❷）がいるアツギムシモドキ属など、個性派ぞろい。しかし、懸案《けんあん》のイソギンチャクの触手や体壁の特徴は、ほかの属の特徴をキメラにしたような、どれとも微妙に似つかない変なものだった。しかも、カイメンの中にいる種なんて、そもそもそんな記述、18世紀からの論文を粗方《あらかた》ひっくり返しても、見つけられなかった。

苦労するのもそのはず、なんとこの種は、いままで発見されておらず、名前のついていない「未記載種《みきさいしゅ》」だったのだから！　しかも、いままでに作られていた「属」のくりにも入ってこない、「未記載属《みきさいぞく》」にあたるグループでもあった。つまり〝いままでに知られていたどれにも一致しない〟のだから、同定できるはずもない。

ここで、「未記載種？〝新種〟じゃないの？　属も〝新属〟では？」と思った方は鋭い！　生物学の中で〝新種〟って、「名前のついていない生物」って意味じゃないんです。名前のついていない生物は、あくまで〝新種予備軍〟であり、「未記載種」と呼ぶ。漢文風に書き下《くだ》せば「未《いま》だ、記載されざる種」。要するに、新種にするには「記載」という作業が、追加で必要になるんだよね。

この記載というのは、〝論文を書く〟ということ。分類学者が新種を報告する論文を「記載論文」と呼び、その論文が世間に出版された瞬間に初めて、未記載種が新種になる。だから、「新種というのは〝見つける〟ものではなく、〝証明する〟ものだ！」とご理解いただきたい。つまり、当時のテンプライソギンチャクは発見されたばっかりで、当然論文も出していないから「未記載属・未記載種」の状態なのよ。

自分で言うのもなんだけど、これはすごい発見なんだよ。普通に考えれば、未記載属なんてひよっこの学部生の手には負えないもの。でも、悩みがでかいほど、乾坤一擲《けんこんいってき》、それを解決したときの喜びや達成感は一入《ひとしお》である。研究は（いや、人生は全部かな）、得てしてそんなもんだ。

なぜ、テンプライソギンチャクなのか⁉

そんな風にして、伊勢さんから賜《たまわ》ったカイメンに共生する謎の刺胞動物は、ムシモドキギンチャク科の未記載属・未記載種であると判明した。だから、論文を書けば、非常に大きな成果となる。ただ、ここまでで季節はもう冬、そろそろ卒研発表のシーズンなので、論文の執筆はひとまずお預け。まずは、これまでの分類学の研究成果をネタに、卒研発表の準備をしなければならない。

このとき一つ、ネックなことがあった。当然、発表ではこのイソギンチャクを何度も呼ばなければばならないのだが、「ムシモドキギンチャク科の一種」「カイメン共生性のイソギンチャク」「三崎産の不明の刺胞動物」……どれも長ったらしい！　第一、イソギンチャクって名前自体が長いんだよ！　誰がこの名前つけたんだ、この野郎！※　だから、せっかくなので、このイソギンチャクに素敵な和名（日本語の名前）をつけてやりたい。

※ちなみに、イソギンチャクって名前自体は、長ったらしいことをのぞけばけっこう好きです。というかこの生物、ほかの地域で呼ばれるローカル名が軒並みひどすぎて、「性器」とか「ケツの穴」とかいう意味の方言があてられているんだよね。それにしても、誰が「磯の巾着」なんて思いついたんだろう。いやまあ、生活感がありすぎてロマンは感じないけど（笑）。

この種に「テンプライソギンチャク」という和名をつけたのは、この頃のこと。さて、のちに世間で大ヒットしたこの〝言い得て妙〟な名前、さぞ頭をひねって、真剣に考えたと思うだろう？　それでは、その命名のきっかけを、見てもらおうか。

あれは、三崎の臨海実験所から、千葉の実家に帰るべく京急線の電車に乗っていたときのこと。三浦半島の美しい海が車窓に流れる中、楽しむ優雅な駅弁タイム。といっても、当時は貧乏《びんぼう》学生なので、三崎口の駅のセブンイレブンで買った天丼《てんどん》弁当を駅弁代わりに食っていたのだが……食べかけのエビ天をぼんやり見ながら、俺は思った。

「あれ？　これ、あのイソギンチャクに似てね？」

そう、半分ぐらい食いちぎった（汚ねえな）エビ天は、衣《ころも》の部分がきつね色のカイメンに、そして飛び出した海老のシッポの部分が、すこしだけ顔を出した赤いイソギンチャクに見えたのである。いや、そのとき、本当にそうやって見えたの！　断っとくが、酒に酔《よ》ってたわけでもないからね！　そもそも俺、見た目の貫禄《かんろく》から想像つかないだろうけど、酒一切飲めないし。

まあそんな風にして、謎のインスピレーションが降りてきた。だから俺はそれ以来、このイソギンチャク、またはカイメンとの共生体を〝テンプラ〟と呼びはじめた。そうしたら、伊勢さんやほかの連中が面白がって、いつの間にかこの種は「テンプライソギンチャク」となったのだ。信じられる？　テンプライソギンチャクの大事な名前、こんな経緯で雑に決まってたんだぜ？　読めば読むほど、実にくっだらねえ。

本書のタイトルである「なぜテンプライソギンチャクなのか？」の答えは、「電車内での食事中の思いつき」である。今後出てくるイソギンチャクたちもふくめて、俺が命名するときは、得てしてこんな感じです。

え？　本書冒頭の壮大な記憶は何だったんだって？　電車の中で、車窓越しに海を見ながら、磯の香りをした天ぷらを食いながら思いついたんだ、嘘《うそ》はついてないよね。

……こんなんでこの本、本当に売れるのか？

卒論発表の〝大トリ〟

閑話休題《かんわきゅうだい》。卒研に明け暮れた２０１３年が終わって年が明け、２０１４年1月。卒研発表が翌月に迫り、そのタイムテーブルが発表された。泉の出番は20人中20番目。おい！　よもやよもやの大トリかい！　なるほど、同期の中でも、俺が間違いなく一番大きな発見をしてるんだ、学科の主席にするための前準備というわけか！　よろしい、では大きな期待に応えて差し上げよう。

忘れもしません、東大の理学部生物学科の大講堂。生物学科のある理学部２号館は、レトロ感あふれるレンガ造りの建物。昭和９年（１９３４）に建造され、東大でも歴史の古い建造物の一つだ（長らく建て替えが行われていない、ともいえるけど）。その３階に、俺の学部時代のラボはあった。そして、その中心部、４階吹き抜けの大講堂が、卒研発表や修論発表に使われる、我ら学生の〝決戦の地〟なのだ。

２月14日、まさかのバレンタインデー！　珍しく東京に雪の降る中、勝負の卒研発表会が行われた。大トリを務める俺の発表のテーマは「三崎産不明の刺胞動物の系統分類学的研究」。……さすがにタイトルに「テンプライソギンチャク」を入れる度胸はなかったよ。その代わり、発表の中に小ボケを入れたり、スライドに技巧《ぎこう》を凝《こ》らしたりして、とにかく目立つことを心がけた。発表自体はそつなくこなした、という印象だな。俺は人前に出るのそこそこ得意だし。一部のボケがスベった印象はあるけど。

そして、学生にとっては発表以上に気が重い、質疑応答の時間がやってきた。卒論発表とはいえ、相手にするのは天下の東大の現役研究者、質疑応答の折はそこそこ踏み込んだ質問も出てくる。困ったのが、中にはカイメンに関する質問も出てくること。いや、カイメンに関しては管轄外《かんかつがい》だから、質問されても困るんだよなあ。ってなわけで、大体の質問は堂々と答えて（仮に嘘を言っていても、堂々と答えているともっともらしく聞こえるんだよな）、カイメンに関する知識は、少々横紙破りだが客席の伊勢さんの力を借りながら、無事（？）に卒研発表を終えた！　聞いたかぎり評価も上々だし、胸を張って東大を卒業することができたというわけだ。

ちなみに結局、学科の首席ではありませんでした。バレンタインのプレゼントは来なかった。んじゃなおのこと、なんで俺が大トリにされたんだよ、畜生《ちくしょう》、期待しただけ損したわ！

ここからが正念場
～論文化の大苦難～

ここから先は、第2章で語る、泉の修士課程の時期に入ってくるお話。だから、次の章の内容と一部重複する。といっても、本章は修士課程の研究の話題はほとんど書かないから、俺の〝次の研究〟が読みたければ、次章を先に読んでもかまわないよ。

さて、ご覧のように、テンプライソギンチャクの研究成果が、予想以上に大きくなった。研究者は、大きな研究成果が出たら、論文を書かなければならない。

皆さん、世の中で「論文」という言葉は聞いたことがあるだろう。ニュースとか、あるいは科学者を扱うドラマとかドキュメンタリーとかで、とにかく金科玉条《きんかぎょくじょう》のように出てくるこれ。「日本の論文の出版数が〇〇国に抜かれた！　科学的な国際競争力が試される正念《しょうねん》場《ば》だ！」みたいな報道、聞いたことあるよね（だったら、それだけの論文出せるだけの金を寄越《よこ》してから言え、と役人に申し上げたくなるんだけど）。

では、世間のどれだけの人が、「論文とは何か？」を説明できるだろうか？

ここでいう論文とは、正確には「原著論文《げんちょ》」と呼ばれ、学者がとある研究成果を世の中に初めて送り出すときに執筆する、報告書みたいなものだ。ただし、普通の報告書とは圧倒的に違う点が二つある。

一つ目は、ジャーナルが管轄する点。論文というものは我々研究者や大学ではなく「ジャーナル」が出版する。この本を書いているときと同じで、担当の編集者（エディター）がつき、出版までをサポートしてくれる。つまり、俺らが事務方や上司に提出するような報告書とは違い、れっきとした著作物であり、売り物なんだよね。つまり、ネット上で検《けん》索《さく》しても、普通は※一般人が全体を読むことはできない。ただし、ジャーナルは論文を高い金で売り物にするくせに、我々に原稿料は一切入らない、それどころか「投稿料」と呼ばれる金をとられるんだよね。ぼったくり野郎め。

二つ目が、ほかの研究者のチェックが必要な点。ちゃんとしたジャーナルでは、記事を出版する前にほかの研究者のチェックを入れる。これを「査読《さどく》」と呼ぶ。論文がある程度の出来でないと、ジャーナルから却下（リジェクト）されるし、リジェクトされなくても、「あそこ直せ」「ここはおかしいから再考」などと、査読をする研究者（レビュアー）から厳しいコメントが大量につく。

ちなみにこの査読を噛《か》ませず、どんな原稿でも右から左に通して、投稿料をふんだくるだけの粗悪《そあく》なジャーナルを俗《ぞく》に〝ハゲタカ〟と呼んだりする。査読の行程って、めんどくせえけどとっても大事なんだよな。

長くなっちまったので平たくいうと、論文を出すにはジャーナルのエディター、そしてレビュアーの研究者たちをねじふせないといけないのです。当然相手は百戦錬磨《ひゃくせんれんま》のプロ、い

※普通は、って書いたのは、論文によっては、一般人でもタダで全文を読めるジャーナルがある。これを「オープンアクセス」と呼ぶ。皆さんお察しのとおり、この手の雑誌は読み手から金をとれない分、バカ高い投稿料を研究者から巻きあげる。ぼったくり（略）。

くら天下のDr.クラゲさんとて、学部生あがりごときがそう簡単に敵《かな》う相手ではない。

3年間の〝滞納〟～続・論文化の大苦難～

実をいうと、論文化で一番苦労したのは、執筆じゃないんだよね。「……は？」と思っただろう。論文の原稿自体は、出来が悪いものの、半年ぐらいで書きあがっていた。でも、論文が出版されたのは、なんと4年後の2018年春。第2章の時期はとっくに過ぎ、第3章で扱う博士課程の、しかも終盤に差しかかった頃である。あれ？ タイムスリップした!? と思われるだろうが、この間、延々あることに時間を費やされていたのである。それは、「共著者《きょうちょしゃ》チェック」だ。

先ほどの話につけ加えれば、論文というものは、慣れるまでは一人では書けない。論文に多少触れたことのある読者の方なら、冒頭に何人かの著者が並んでいるのを見たことがあるだろう？ あの面々を「共著者」と呼び、研究に〝一定以上の〟貢献《こうけん》をした人間は、全員メンバーに連名させなければいけないのよ。これは、名誉というよりは、「論文において何か不測の事態が起きたとき、責任を負える人間を明示しておくため」というリスクマネジメントの意味合いが強いんだよね。で、目安としては、博士課程までの学生のうちは、少なくとも「指導教員」を必ず共著者に入れなければならない。大学・大学院の指導教員は基本的には学生の研究に責任を負うものだし、大体は指導教員の出資で研究しているからね。

さて、話を戻すと、俺のこの論文には、共著者が4人いた。うち1名は、のちの査読の際に追加したので、メインでチェックしたのは残り3名だが、この共著者たち、とにかくチェックが遅い！　仮に共著者A、B、Cと置くと、Aの方が8か月、Bの方が1年半、そしてCの方が9か月もの時間がかかった。つまり共著者チェックで要した時間は、約3年間……。ちなみに本人の名誉のためにどの人かは明かさないが、このうち1名はお察しのとおり、伊勢優史大先生です。オイコラ！　頼むぜ大将！

そんな感じで、テンプライソギンチャクは論文投稿までにめっっっっちゃくちゃ時間ががかかった。ただし、この滞納《たいのう》に次ぐ滞納が、皮肉にもこの論文の完成度を高め、このあとの栄誉につながった可能性があるのである。

新たな疑問が湧いてきた！　～共生生態の神髄～

　さて、論文化と並行して、俺と伊勢さんはとある疑問の解決に挑《いど》んでいた。それは、「テンプライイソギンチャクと共生カイメンって、実際どんな関係なんだ？」というものだった。

　皆さん、そもそも「共生」という言葉、どんなイメージがある？　たとえば「クマノミとイソギンチャクみたいに、どっちにも利益があって、密接に助け合って生きている生物たち」のようなイメージがない？　実際、クマノミ類（『ファインディング・ニモ』で有名なカクレクマノミのほかにも沢山の種類がおり、中には単にクマノミという種もいる）は、イソギンチャクの刺胞で外敵から身を守る。他方、イソギンチャク（こちらはサンゴイソギンチャクやシライトイソギンチャクなど、イソギンチャク目の一部の種）はクマノミの餌のおこぼれに与《あずか》っている。

　しかしこれ、生物学的にいえば共生の一つのかたちでしかないんだよね。というのも生物学的には「共生」というのは、「別の種と何らかの関係のある生物たち」という、すごくゆるーい定義なのよ。そして、その共生を細分化していくと、いくつかの種類がある。本題ではないからざっとだけ説明すると、

・相利共生《そうりきょうせい》：一緒《いっしょ》に生きる生物が、どっちも利益を得る関係。クマノミとイソギンチャク、アリとアリマキ（アブラムシ）など。
・片利共生《へんりきょうせい》：一緒に生きる生物のうち、片方だけが利益を得る。サメとコバンザメ、グンタイアリとアリドリなど。
・寄生《きせい》：片方が利益を得る過程で、片方が損失を被《こうむ》る関係。樹木とヤドリギ、セミと冬虫夏草のキノコなど。
・片害共生《へんがいきょうせい》：一方の生物が不利益を被るが、もう一方には何も利益がない状態。アオカビと細菌類《さいきん》など。

このうち、寄生や片害共生は共生に入れない人もいる。だけど、さらにいうと、「この共生は、どのパターンなのか？」という疑問に答えるのすら、すごく難しいんだよねえ。たとえば、さっきのクマノミ共生性のイソギンチャク、実は、腹が減ったクマノミによく触手をかじられて食われているんだよね。これは本当に相利共生といえるのか？

だんだん書き手もふくめて混乱してきたので、いったん話を戻そう。とにもかくにも、最近の共生の研究は、こうした利益損失はいったん、脇において「お互い、どんな関係性な

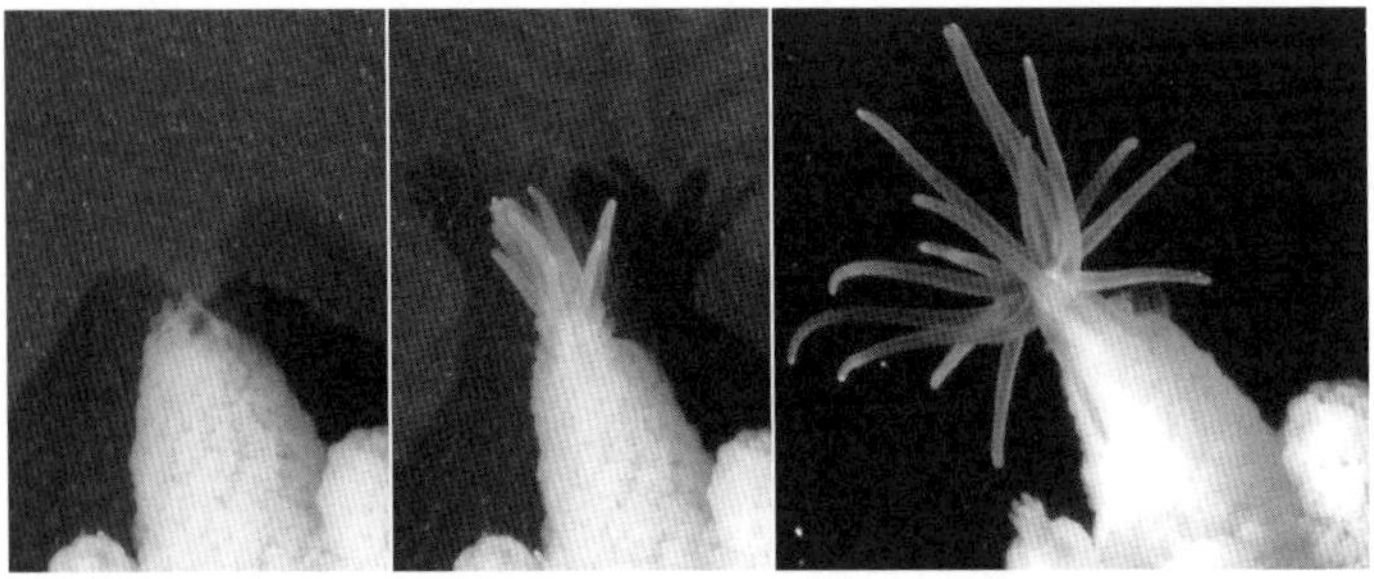

図11　テンプライソギンチャクの引っ込む様子。引っ込む直前、海老の天ぷらのような造形美を見せる。（伊勢優史氏提供）

のか？」というのをざっくり調べるのが主流になっているんだとか。

だから、テンプライソギンチャクとカイメンとの共生生態を調べるのは、テーマとしてすごく面白そうであった。というのも、テンプライソギンチャクと共生カイメンは、その時点では自然界で〝必ず〟一緒に見つかっており、独立して生息している様子は観測されたことがなかった！　つまり、「単独では生きられない」要因がお互いにあるものだと推察されるよね。

ここまで強烈な共生関係があるなら、当然テンプライソギンチャクと、宿主《しゅくしゅ》のカイメン双方《そうほう》に、それなりの利点があるはずなのだ。では果たしてそれは、いかなる利点だろうか？

テンプライソギンチャクの方は、わりとわかりやすかった。というのも、テンプライソギンチャクはかなり臆《おく》病《びょう》で、すこしの刺激があるとカイメンの中に引っ込んで身を隠す（**図11**）。イソギンチャク自身が裸《はだか》でいるより、外敵からの襲撃に強くなると考えられるよね。しかし、問題はカイメンの方だ。自分の体を提供してまでこんな弱々しいイソギンチャクを匿《かくま》う利点、カイメンにあるのだろうか？　我々はこの難題の前にしばらく立ち往生することになった。

一大生息地の発見

難題を解くカギの一つ目は、２０１４年からの新天地で得ることができた。ただし、泉のではなく、〝伊勢さんの〟新天地である。

この当時のテンプライソギンチャクは、そのサイズの小ささも相《あい》まって、けっこうなレア種だったんだよね。見つかっていたのは、三崎の磯（**図12**）と、佐渡《さど》の宿根木《しゅくねぎ》（**図12**）という土地だけ。このうち、三崎は磯のかなり低い場所に棲息していて、大潮の潮が引ききった時間じゃないと探せない。そして佐渡にいたっては、水深8メートルの岩場なので、ダイビングが必須だ。だから、標本の入手や共生生態の観察がめっちゃ難しかったんだ。

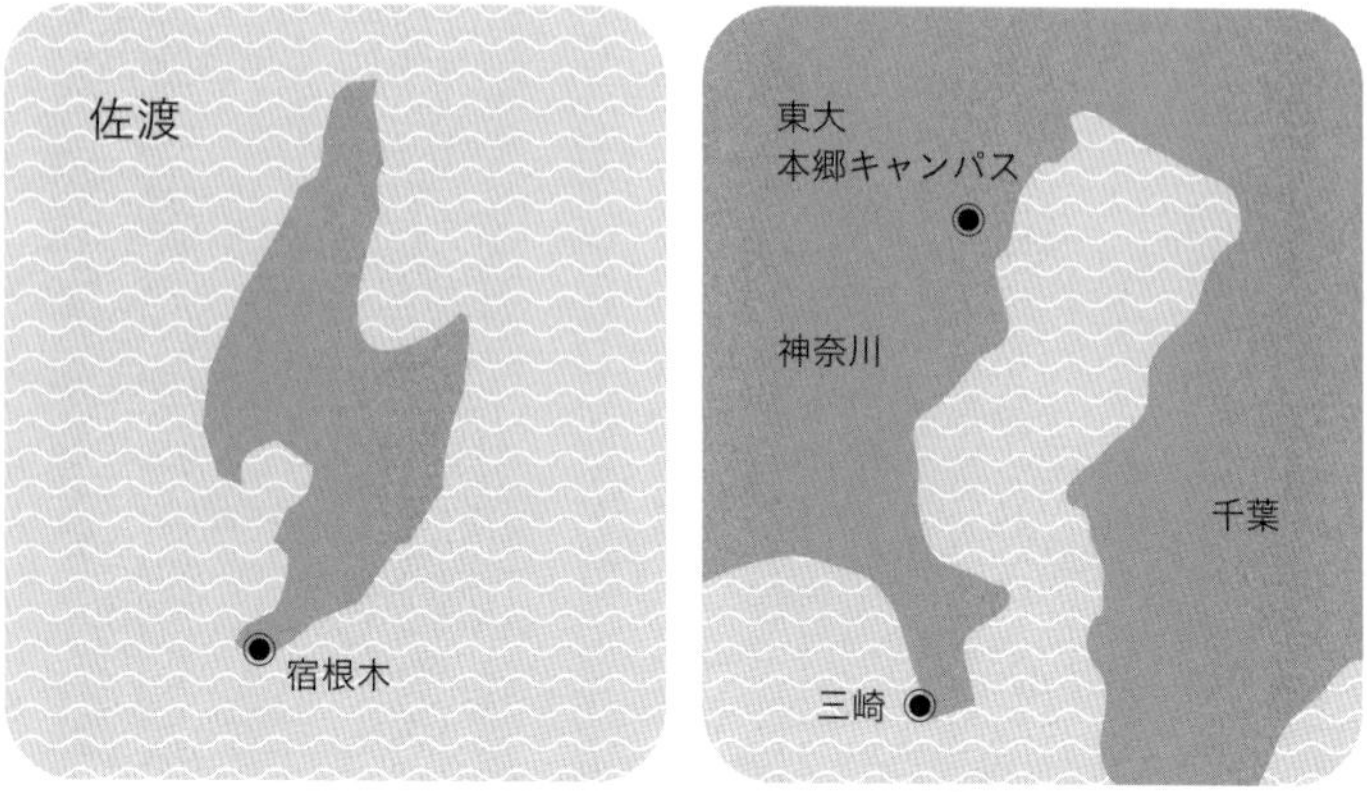

図12　テンプライソギンチャクの産地。神奈川の三崎と、佐渡の宿根木。

三崎臨海実験所を「クビになった」（伊勢さん談）あと、大将は三重県の鳥羽《とば》市にある、名古屋大学の臨海実験所に移っていた。そこで共著論文を滞納するかたわら（いい加減怒られるぞ）、鳥羽の海をシュノーケリングなどで調べていた。すると、けっこうレアだったはずのテンプライソギンチャクが、ゴロゴロした岩の下に大量に生息していた！　のちに、この名大臨海実験所が、テンプライソギンチャク研究を大きく支えることになる。

テンプライソギンチャク＝鉄筋コンクリート？

さて、伊勢さんの新天地に当然のごとく訪問し、伊勢さんのお金に当然のごとく寄生……もとい〝共生〟して研究する日々が始まる。やがて、テンプライソギンチャクの新事実が、次々明らかになりはじめる。

まずは、カイメンの捕食者。カイメンという生物の捕食者として有名なのがウミウシなのだが、共生体のカイメンにも「シロフシエラガイ」というゴマ粒のように小っちゃいウミウシの一種が、ちょこんと乗っかっていることが、伊勢先生の観察によって発見されたんだよね。シロフシエラガイもウミウシの仲間である以上、このカイメンを食べている可能性は高い。ところが、イソギンチャクの周りの盛り上がったカイメンの形状を見るに、シロフシエラガイは、どうもイソギンチャクの周りを食べるのを避けているようにも見える。この〝刈り込み〟によって、テンプラのような突起構造が残るのか？　という仮説が出された。

だが、それ以上にヘンな新事実が発覚した。それは、「テンプライソギンチャクが、共生カイメンを貫通している⁉」という観察結果だ。こちらの方は、ほかならぬ俺が見つけたんだ。

あるとき、生きたテンプライソギンチャクをカイメンごと標本にしようと、麻酔《ますい》をかけて岩から慎重に引き剝《は》がそうとしていたときのこと。カイメンをそっとめくっていたら、何か、剝がすのにちょっとした抵抗感があった。よく見ると、カイメンからテンプライソギンチャクの〝底〟の部分が飛び出して、それが岩に張り付いていたのだ！　すなわち、テンプライソギンチャクは共生カイメンに完全に包まれているのではなく、底（口と反対側）の部分で岩にくっついている。ここから考えられるのは、テンプライソギンチャクは共生体ごと、自らを岩に強固に張り付ける〝アンカー〟のような役割を果たしているのでは？という仮説だ。

包み込む外壁のカイメンと、その中央を支える柱、テンプライソギンチャク。両者はあたかも、頑丈《がんじょう》な建物を構成する鉄筋コンクリートみたいじゃないか！　こんな共生生物を、俺はほかに知らない。

死んだ標本を観察するだけでは、こんなにわけのわからない生態が明らかになることはなかった。「分類学者が生体を見る重要性」。第3、4章で描き出す俺独自の分類学の世界は、この頃から形成されはじめていた（俺、ほかの章への導入上手いね）。

新事実は、先端機器での分析とともに

それと同時に、もう一つ気になるのは、テンプライソギンチャクと共生カイメンとの間の〝構造〟の疑問だった。両者は生体でも標本でもかなり強く密着しているように見受けられ、隙間がほとんど空《あ》いていない。しかし、イソギンチャクやカイメンの粘着《ねんちゃく》だけで、こんなに密着できるのか⁉　という疑問があった。

ところが、ミクロトームを使った断面を顕微鏡で観察しても、この間の構造が見えない。もっと微細な構造を見ないと、何も言えないのだ！　そこで、我々は必殺兵器を持ち出す。そう、「電子顕微鏡」である。

いわゆる〝普通の〟顕微鏡を光学顕微鏡と呼ぶのだが、きれいに観察できるのは、せいぜいマイクロメートル（1000分の1ミリメートル）単位だ。しかし、電子顕微鏡、中でも透過型電子顕微鏡（以下、TEM）と呼ばれる先端機器では、その下のナノメートル（100万分の1ミリメートル）単位を見ることができる。

古巣の東大理学部2号館にも旧式のTEMはあったのだが、諸事情で、我々はそれを使うことができなかった。だからこの観察はあきらめるべきか、というときに、救世主が現れた！　それは、筑波《つくば》大学の臨海実験所である、下田臨海実験センターだった。

伊豆半島の先端、静岡県の下田市にある、筑波大の実験センター。ここには、細胞の微細構造のイメージングの専門家が在籍《ざいせき》していて、TEMを利用することができた。名古屋大の臨海実験所から共生体を生きたまま輸送し、伊勢さんと俺で慣れないTEM（および、指導の技官さん）を振り回し、1週間ぐらい悪戦苦闘ののちにやっと撮影《さつえい》できた。効率悪くない？　なんて、侮《あなど》るなかれ。「一枚の画像を撮影するのに5年間を費やした！」なんて研究成果は、研究業界ではときどきあったりするんだ。

さて、我々の血と汗と涙の結晶《けっしょう》である一枚のイメージをご覧いただこう（**図13**）。

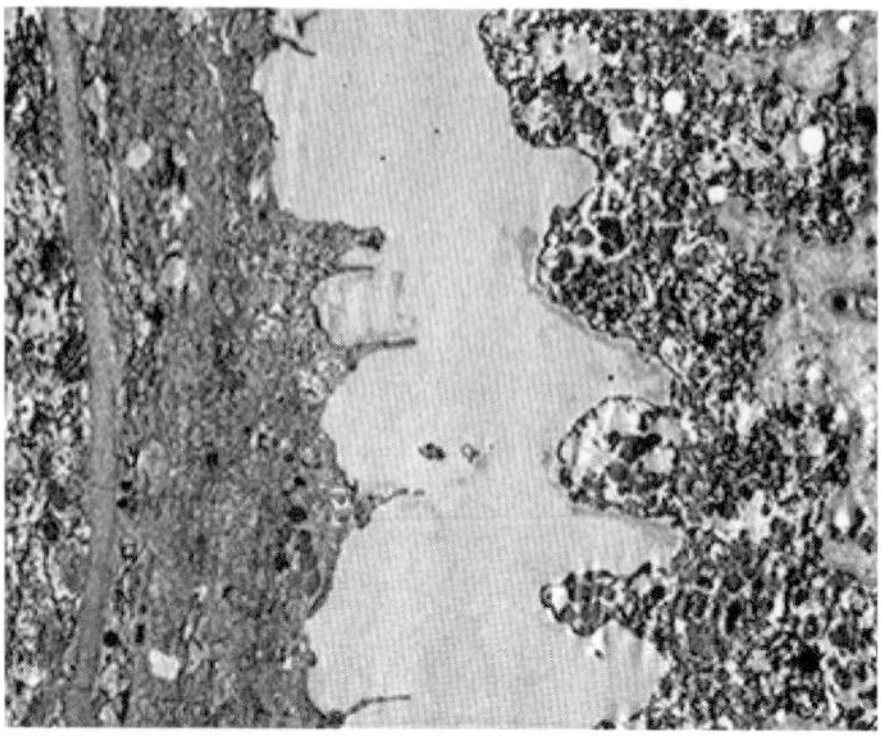

図13　電子顕微鏡の像。左側のイソギンチャクから、右のカイメンに向けて繊毛の束が突き出している。

簡単にいうと、テンプライソギンチャクの表面に生《は》える微細な毛、これを繊毛《せんもう》というのだが、それがカイメンの表面に向かって束《たば》になって伸びている姿である。カイメン側の凹《へこ》みと、テンプライソギンチャク側の繊毛の束の位置が大体対応しているから、これを使って密着しているのではないか？　という、世界初の知見が得られたんだ。この構造が本当に何をしているのかは、まだ議論の余地がある。でも、共生生態（しかも、ヒトとかモデル生物とかではなく、こんなマイナー生物たち）を電子顕微鏡で見た例はなかなかない。この写真もまた、この後の成果に強力に効いてくる。

すべてがつながった瞬間 ～ついに論文出版～

そんな感じで、図らずも共著者のチェックが滞《とどこお》っている間に新たな観察結果を積み重ねた結果、完成した論文は新属新種の記載にとどまらず、形態・生態をふくめた、超ボリューミーな内容に仕上がっていた。そんな論文だが、3人目の共著者が9か月目にチェックを投げ出した、もとい、終わらせたので、ようやく投稿と相成《あいな》った！　2017年の春のことだった。ジャーナルは『Zoological Science』、日本動物学会が主宰《しゅさい》する、歴史のあるジャーナルである。

本論文は投稿後、査読を経《へ》る。その間、生態の再考察を行ったり、TEMのデータをさらに加えたりしていくうちに、ついに同年秋、テンプライソギンチャクの論文が受理された！　またちょっくら説明しておくと、受理（アクセプト）というのは、ジャーナルが「お前さんの論文を出版することを決定したよ」という判断を下すこと。すなわち、この瞬間をもって、世の中に新属新種・テンプライソギンチャクが華々《はなばな》しくデビューすることが決まったのである！　万歳！　万歳！　万々歳！

ただし、論文は受理されたあとも、編集者による校正や、レイアウトの割り振りなどの作業が残っている。しかも、ジャーナルってのは得てして出版の順番待ち状態の論文があったりするので、実際に出版されるのは2018年の春ということとなった。日の目を見るまで、あとすこし。

ちなみにその頃、伊勢の大将は、もう日本にいなかった。名古屋大の臨海実験所から、マレーシアの研究機関に移っていたのである。伊勢さんが日本にいなければここまでの成果は出せなかった、マジでタッチの差、綱渡《つなわた》りだったんだよね。

そして一大フィーバーへ！

ときは2018年4月5日。テンプライソギンチャクの論文が、世間に公開される瞬間がやってくる。あの瞬間は、忘れもしません。「Zoological Science」のページ、ウェブ上に、ついにテンプライイソギンチャクがデビューしたんだから。卒研で死ぬほど見たあのイソギンチャクが、そして3年半もの間、手探りレベルで苦労して仕上げた文章や図が、ウェブ上に成文として載っているのである。そりゃ、歓喜も甚《はなは》だしいよ！

さて、我々、ただ指をくわえて出版のときを待っていたわけではないのだ。俺は、公開に先んじて、三崎の臨海実験所の所長にとある相談をしていた。

それこそが……「プレスリリース」！

この言葉、聞いたことのある方も多いかな？　企業や団体が、世間に伝えたい内容をメディアに文書や映像のかたちで提供することである。大学や研究機関では、内部の研究者の研究成果を世間に広めるためにプレスリリースを出すんだよね。

しかし、ここで問題が一つ。普通、プレスリリースは指導教員が主導で行う。しかし、伊勢さんはもう東大の人間じゃなかったし、大学院の指導教員はこの研究に関わっていないので、俺が主導するしかなかったんだ。当然経験なんかなかったので、担当の広報室との交渉《こうしょう》には、慣れない分めっちゃ苦労したよ。だが、三崎の所長のアシストもあり、そして何より俺の熱意が伝わったのか、特例でプレスを出してもらえることになった！　それどころか、大学からも広報の動画をYouTubeに出してもらえることに！　数分のインタビューの中にもいくつもネタをぶっこんだ、俺の面目躍如《めんもくやくじょ》である（動画URLは「参考文献」

を参照）。

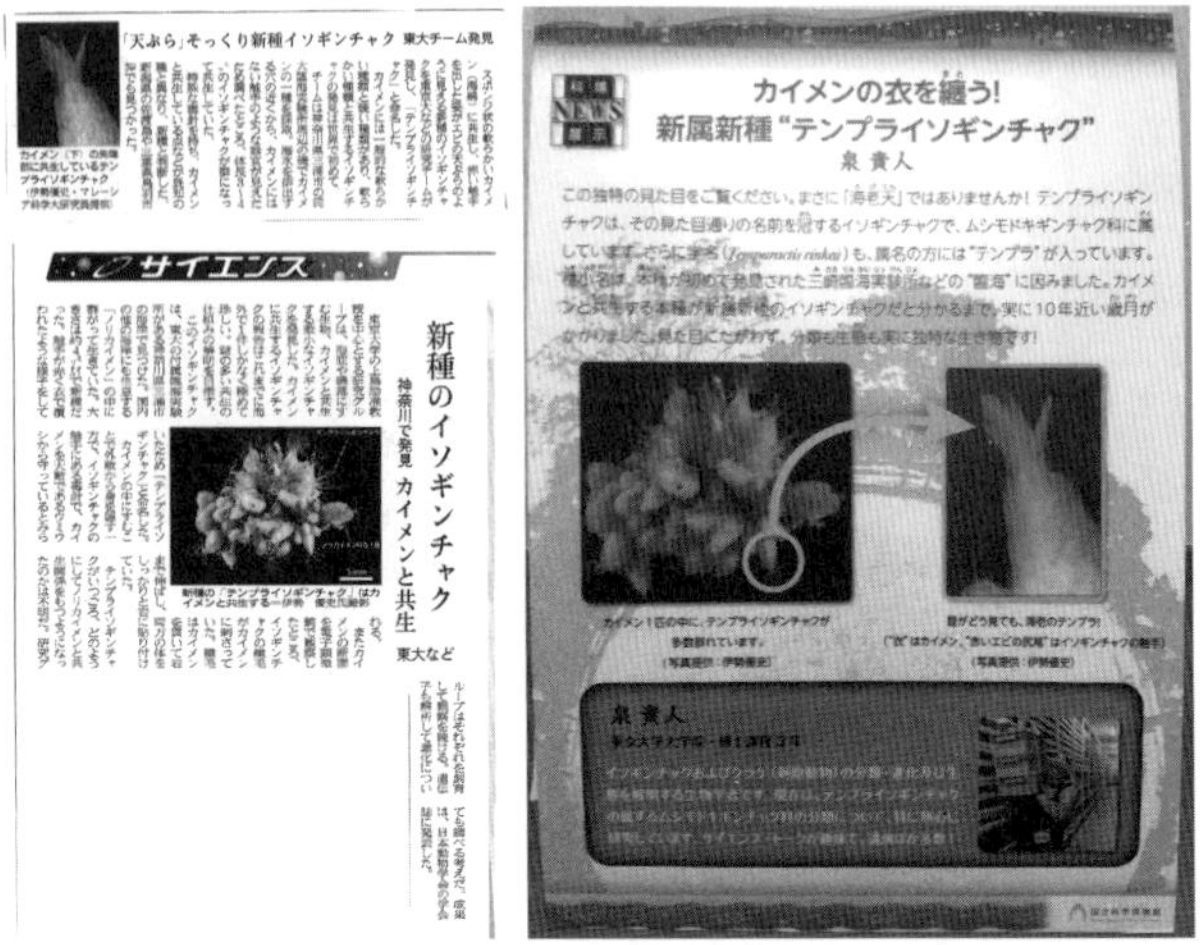

図 14　左上：産経新聞 2018 年 4 月 23 日付、左下：日本経済新聞 2018 年 4 月 22 日付。右：国立科学博物館で展示されたときのパネル。

そして、4月5日午後、東大が発するプレスリリースが解禁された直後——なんだ、この取材ラッシュ!?　大手メディアから、名前を知らないところまで、確か2日間で十数社の取材を受けた（**図14**）。

さらに、伊勢さんと共同でウェブジャーナルの記事を書いたり、国立科学博物館の企画展に標本を提供したり、知り合い経由で東大の学祭の企画に呼ばれたり、さらにはその縁でテレビ番組「さんまの東大方程式」に出演したり。俺のイソギンチャク伝説は、テンプライソギンチャクと共にあったといっても過言ではない！

そんなテンプライソギンチャクを俺が語った資料は、ネットの随所《ずいしょ》にあるので、ぜひ「テンプライソギンチャク」でググってみてくれ！　まあ、一番詳しく語ったのは間違いなくこの本だから、すでに読者の皆さまほどの物知りはいないんだけどな。

鳥羽水族館による第二次フィーバー
～あの和名をつけてよかった～

さて、そんなテンプライソギンチャクの〝第一次〟フィーバーが終わった頃、ある水族館の方から、驚きの連絡が入る。その主《ぬし》は、あの鳥羽水族館（**図15**）。

鳥羽水族館は三重県にある、おそらく日本でも最も有名な水族館の一つ。海水・淡水・そして陸域まであらゆる生物を飼育し、展示種数が日本最多クラス。さらに、順路がなく好きなゾーンから展示を見られるのも大きな特徴である。そしてこの水族館の真骨頂、それは、「へんな生きもの研究所」と呼ばれる、名前からしてキワモノなコーナーがあることだ。あ、もちろん褒め言葉だよ。

こちらのコーナーは、読んで字のごとく非常に〝ヘンな〟生物を、生体・標本問わず展示している。親とは似ても似つかぬ透明なイセエビの幼体（時期限定）、足が96本あるタコ、ヒトデの体内や魚の口の中に棲みつく寄生性の動物……博物館ですら珍しい、こんな連中を展示する水族館がほかにどこにあるんだ！　そして何より、鳥羽水族館の豊富な展示種数を支えているのがこのへんな生きもの研究所なのだ。ここの一角の集合型水槽※に、おもに熊野《くまの》灘《なだ》の深海から採集されたありとあらゆる生物を展示している。研究者の泉ですら見たこともない生物を、こんなにたくさん展示しているなんて、まさに常軌を逸《いっ》しているよこのコーナー。……繰り返すが、盛大な褒め言葉だからね。

図15　鳥羽水族館。いろんな意味で、フリーダムさ日本一。

そして、このコーナーを司《つかさど》る名物飼育員が森滝丈《もりたきたけ》也《や》さん。もしかして、読者の中には「ニコニコ動画のダイオウグソクムシの人」と言うと思いいたる人、いるんじゃないかな？　森滝さんはあらゆる生物に詳しくて、自分で深海の底引き網の漁船に乗って採集をしてくるほどのマニア系飼育員。そして、そのマニアぶりが高じて、各地の研究者と一緒に未知の生物の研究をしている、研究者の一員でもあるのだ。

思い出してほしい、伊勢の大将がテンプライソギンチャクを見つけた名古屋大の臨海実験所は、鳥羽にあるってことを。つまりテンプライソギンチャクの一大〝産地〟は、鳥羽水族館のお膝元《ひざもと》。この森滝さん、我々とは別に、独自にテンプライソギンチャクを発見していた。その後、鳥羽に赴任した伊勢さんの伝手《つて》で俺が頻繁に鳥羽に通いつつ、森滝さんに水族館を見せてもらうかたわら、テンプライソギンチャクの飼育の話をしていた。

そんなご縁がありまくる鳥羽水族館が、ついにテンプライソギンチャクの展示を始めるということで、水族館からもプレスリリースを出してもらえることになったのだ。非常に有名な鳥羽水族館が出すプレスリリースだから、東大にも比肩《ひけん》するほどの影響力を持つ。しかもときは2018年8月、つまり夏！　水族館にとって繁忙期《はんぼうき》だったのもあり、プレスリリースは瞬《また》く間に話題となり、ローカルメディアに幾度も取り上げられた。さすが客商

※集合型水槽ってのは、個々の小さな水槽がろ過槽を共有しているタイプの展示のこと。大きな一つの水槽と違い、多くの種を展示できること、そして水槽自体が小さいので、小さな生物も見えやすいことが特徴である。森滝さんは「アパート水槽」と呼んでいるらしい。

売の水族館、この辺りの売り出し方がとっても巧《うま》いな！　実に参考になる。

このニュースの中でも俺がうれしかったのは、中京テレビのアナウンサーに「この名前をつけた人のインスピレーションが素晴らしいですね」と、テンプライソギンチャクの和名のネーミングを褒められたことだ。和名ってのは、生物が背負う大事な名前、そしてそれを日本人の記憶に残す、唯一無二の方法なんだ。このときに学んだ和名の重要性は、その後の俺の研究者人生に深く刻まれている。

だってそうじゃん、友達でも家族でも、名前を聞いたら顔や容姿、声や人となりまで思い浮かべられるよな？　泉貴人と聞けば、世界一の研究者の像が浮かぶ……かは別としても、この本の表紙にいる貫禄のあるボウズが思い浮かぶだろう。それと一緒。和名ってのは、種を見分ける強力無比なアイデンティティなんだよね。皆さん、人も生物も、名前をちゃんと大事にしよう。ま、俺は賞賛してくれた、中京テレビのアナウンサーの名前はわからないんだけどな（失礼すぎるだろ）。

テンプライソギンチャクは、展示開始以来、先ほどの「へんな生きもの研究所」のセンターを飾っている。森滝さんが関わってきた数多《あまた》の生物の中で、あんな小っちゃいイソギンチャクを何年も主役級の展示として扱っていただけること、研究者として冥利《みょうり》に尽《つ》きるよな。

無冠の帝王、初の受賞

　突然だがこの泉、有り余る実績に対して、どうも昔から〝賞〟というものに縁がねえんだよな。たとえば、生物学オリンピックでは日本代表団といっても〝補欠〟だったから、銀メダル相当の実力があるといわれながら国際大会のメダルがない。開成高校の卒業のときの文化奨励賞みたいな表彰も、生物学オリンピック日本代表団に開成の歴史上初めて選ばれたのもあり、当然俺のものだと思っていたのに、その年の俳句甲子園に出ていた奴に持っていかれた。学部の主席の賞もなぜか手に入らなかったし、博士課程のときに応募した「育志賞」という俺のためにあるような賞も、結局最終選考で落ちている。なんつーか俺、典型的な〝シルバーコレクター〟なんだよね。

　論文出版からだいぶ経《た》った2019年6月、そんな俺に動物学会から、朗報が届く。「あなたの『Zoological Science』のテンプライソギンチャクの論文が、昨年度の論文賞に選出されました」。

　うおお、おっしゃあ！　これはアツい！

動物学会の論文賞というのは、動物学会のジャーナル『Zoological Science』の年間の記事の中から5、6本の優秀な記事が選ばれるもの。断っておくが、分類学だけではなく、本当に動物学すべての分野で、錚々《そうそう》たる学者が本気で書いた記事の中からの選出、である。分類学の論文は選ばれたとしても1年に1本あるかないかだから、これだけでいかにすさまじいことかおわかりだろうか？　それを、学生が筆頭で書いた論文が受賞してしまったのだ。※　なんたる栄誉か！

ところで、この論文賞の受賞の決め手の一つは、「ただの分類にとどまらず、テンプライソギンチャクの生態や形態まで分析した」ことにあるらしい。それは、記載分類以外に、生態の観察結果やTEMの撮影像などの多角的なデータが効いたってこと。つまりは共著者のチェックが遅れまくったがゆえに、今回の受賞につながった、ってことなんだろうなあ。人間万事塞翁《じんかんばんじさいおう》が馬《うま》、ってのはこのことだな。

兎《と》にも角《かく》にも、この受賞をもって、俺のテンプライソギンチャクの伝説は、一つの完結となったんだ！　テンプライソギンチャクの論文は「参考文献」にあるから、是非読んでみてね。

さらなる発見、続く研究～これだから研究はやめられない～

研究ってのは、永遠に終わることがない。俗に、一つの疑問が解決すると、10の疑問が出てくるとも言われる。だから、あくまで一つの完結を見たテンプライソギンチャクの研究も現在もまだまだ続いているんだ。

たとえば、これからは次のような研究をしていこうと思っている。

①テンプライソギンチャクに〝仲間〟はいるのか？

第4章で語るポスドク時代までに、俺が全国的に情報収集や採集を行った結果、どうも、日本に棲んでいるテンプライソギンチャク類は、1種ではないようなのだ。たとえば、沖縄からは泉自身の手によって、赤いカイメンに入ったテンプライソギンチャク類が採集されている。日本本土のテンプラに対し、こっちはいわば、うちなーテンプラ（沖縄の天ぷ

※一応、世間では論文賞は「なるべく「若手に花を持たせよう」」という風潮があるようで、泉の所属する動物分類学会では「若手論文賞」という制度になっている。だが、動物学会の方では受賞の年齢制限は特に書いていないので、本当にすべての分野、世代を相手にしたうえで、勝ち取れたということらしい。

ら料理)。また、佐渡の宿根木《しゅくねぎ》では、別の種類と思《おぼ》しき橙色《だいだい》のカイメンにも、奴らが入っていることを確認している。中でも、沖縄の洞窟《どうくつ》から発見された灰色のカイメンに入っている真っ赤なテンプライソギンチャク類は、本家のテンプライソギンチャクとは絶対に別種であるとにらんでいるんだ。

現在、標本とDNAの両側面から、分類の解明に挑んでいる。めっちゃ小さいから分類も大変だが……俺がお前らを、いつの日か新種記載してやるぜ!

②共生している「テンプラの衣」の新種記載

賢明《けんめい》な読者の皆さまなら、気になっているだろう。俺が、頑《かたく》なまでにテンプライソギンチャクが共生している宿主《しゅくしゅ》の生物種名を呼ばず、「カイメン」または「共生性カイメン」などと呼んでいることに。そう、このカイメンも未記載種なのである!

このカイメンは「ノリカイメン属」と呼ばれるグループに分類されるのだが、日本でこの属が採取された正式な記録はいまだ一切ない。それだけでなく、このカイメンはテンプライソギンチャクに負けず劣らず、分類も生態も面白い。まず、カイメンの中でとても特殊なグループに属し、ほとんどのカイメンが持っている骨片《こっぺん》(カイメンの中にある、針状の固い構造)がない。だからこそ、分類が大変なのだが、我々には、テンプライソギンチャクのついでにTEMで撮影した、超拡大画像がある！　ただし、俺だけでは書けないので、ふたたび伊勢先生を尻叩《しりたた》き、もとい、焚《た》きつけながら、論文を書いている日々である。もうすこしで出版となるので、お楽しみに！

種名は「テンプラノコロモ（天ぷらの衣）」とするつもりだ。伊勢の大将も、俺に負けず劣らず、面白い和名が大好きなんだよね。また話題になるといいな。

③「テンプラ状構造」の形成過程

我々が論文に記したとおり、めっぽう興味深い共生関係が、テンプライソギンチャクと共生カイメンの間に存在する。しかし、鳥羽水族館の観察により、生態的な観点から新たな知見が得られてきた。というのも、テンプライソギンチャクがカイメンに包まれた「テンプラ状構造」は、どうやら〝宿主のカイメン側が作ってあげている〟らしいのだ。

テンプライソギンチャクは、自分で分裂してクローンを作ることができる。この「無性《むせい》分裂《ぶんれつ》」は、一部のイソギンチャクが普通に持っている性質であり、たとえば第4章の主役であるカワリギンチャク類も、自分の肉片から新たな個体を作る。ただ、テンプラが真に面白いのはここからだ。その分裂したクローンは、触手もできないうちから芋虫のように自由自在に這いまわったあと、最後はカイメンに入り込んで、共生する位置を決める。すると、カイメン自身が組織を厚くして、最終的にあのテンプラみたいな形になるんだよね。水族館と共同で得られた、テンプラに関するこんな知見は、いくつもの研究の可能性を想起させる。たとえば、眼も鼻もないテンプライソギンチャクはどうやってカイメンを見つけるのか？　化学物質を使って分析するのも面白そうだ。

ほかにも、まだテンプライソギンチャクの「卵」は見つかっていないし、イソギンチャクとカイメンの繁殖時期も知りたいし……ね？　研究の終わりなんて、まったく見えないだろう？　「終わりが見えない」って、底なしに面白いことなんだぜ。

これからのテンプライソギンチャク界隈《かいわい》に、乞《こ》うご期待。とんでもない研究成果が、続々上がっていくだろう。あ、〝揚《あ》がって〟かな。テンプラだけにね（やかましいわ）。

イソギンチャク
図鑑
1

ネマトステラ・ヴェクテンシス

Nematostella vectensis

変型イソギンチャク亜目《あもく》・ムシモドキギンチャク科

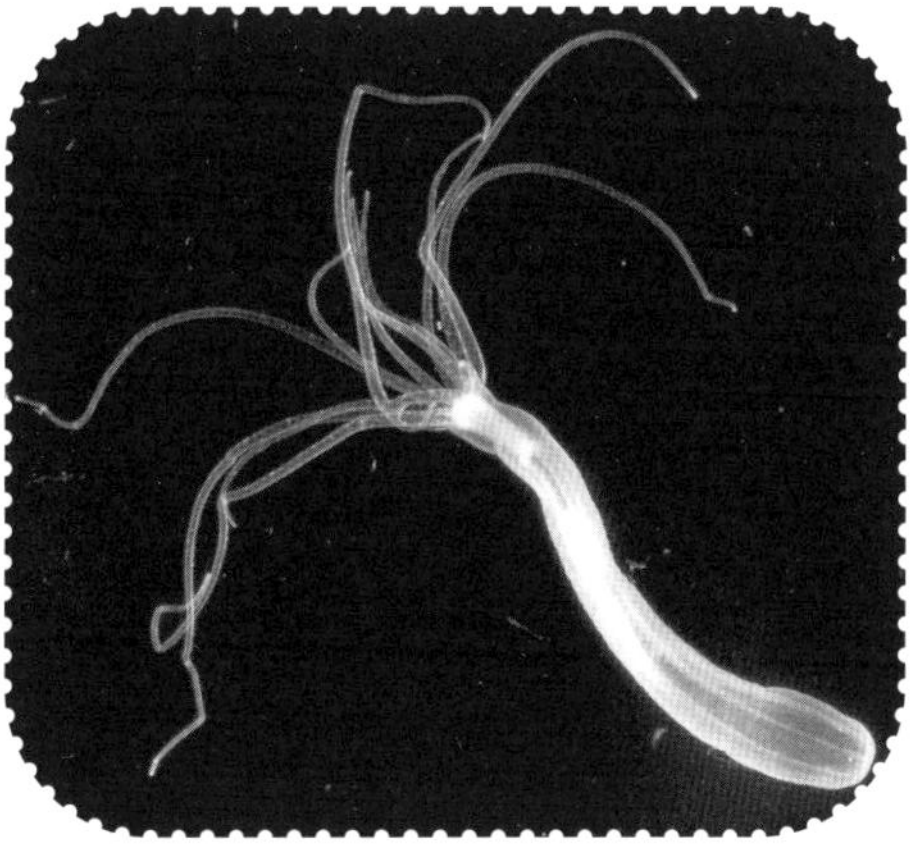

伊勢優史氏提供

世の中には、「モデル生物」という生物がいる。実験動物として使いやすい、飼いやすい生物たちだ。たとえば、マウス。それから、ショウジョウバエ、アフリカツメガエル、ゼブラフィッシュ……、生物系の皆さんなら、研究室で見たことある人も多いのでは？　そして我らがイソギンチャクにもモデル生物がいるんだよ。このネマトステラがそう。

イソギンチャクの中では一番飼いやすく、かつゲノムも読まれているので、モデル生物として使われる。ムシモドキギンチャク科らしく細長い体をしていて、半透明だから中身も観察しやすい。唯一の難点は、この種が日本には棲んでいないことだ。俺自身もネマトステラ属のイソギンチャクをずっと探しているが、10年間見つかっていない。

イソギンチャク図鑑 2

エドワルドジエラ・アンドリラエ

Edwardsiella andrillae

変型イソギンチャク亜目・ムシモドキギンチャク科

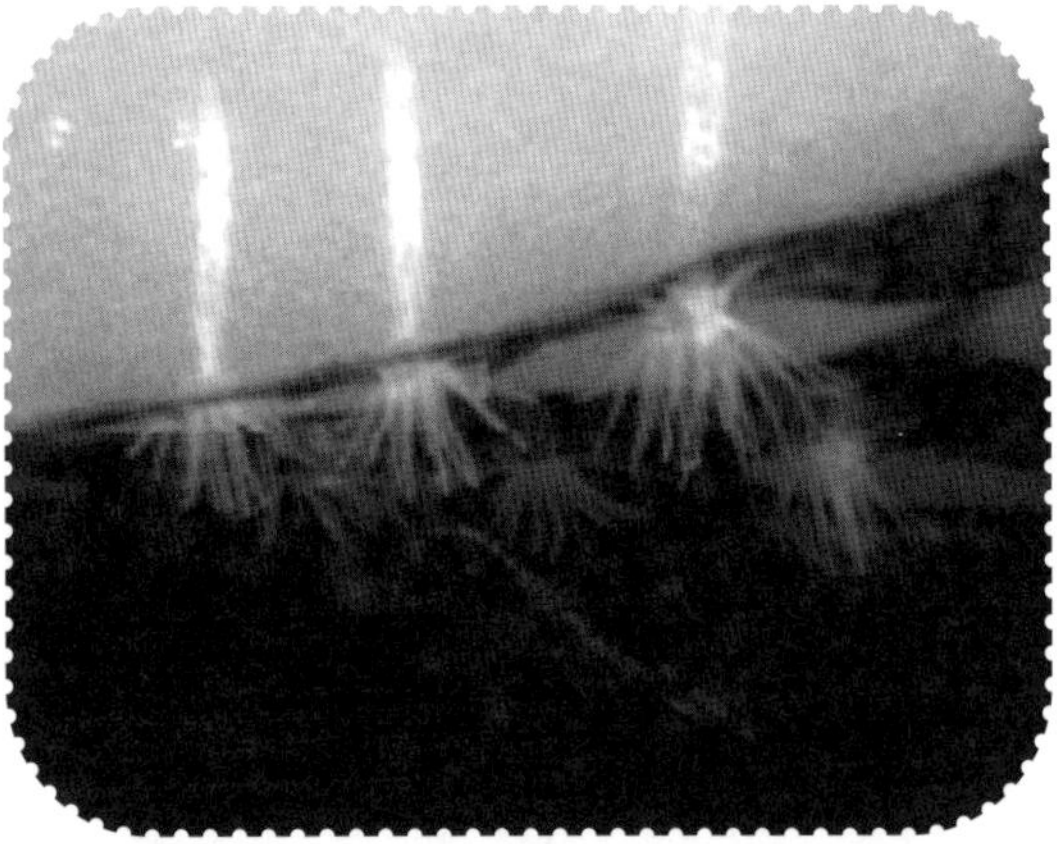

Photo courtesy: Daly M., Rack F., and Zook R., and PloS One

2013年、とんでもない論文がイソギンチャク界隈《かいわい》（狭《せま》いな）を騒がせる。南極のロス棚氷《たなごおり》の底面、深海の氷の中から、ムシモドキギンチャク科のイソギンチャクが見つかったのだ！

この種の名称は、エドワルドジエラ・アンドリラエ、和名はない。氷の中に体をうずめ、触手だけを出している。ムシモドキギンチャク科の中でも、テンプライソギンチャクと並んで最もヘンな場所に住む種類だ。

この学名「アンドリラエ」は、この調査プロジェクトにもとづいた名前らしい。なんでも、海に張り出した分厚い棚氷を、熱湯を出す機械を使って掘りぬくことで、なんと1000メートルの厚さの氷の下まで探査機を突っこんだらしい。このプロジェクト、どんだけ金かかったんだろうなとか考えちまう、ロマンも何もない貧乏研究者がここに。

イソギンチャク
図鑑
3

テンプラ
イソギンチャク

Tempuractis rinkai sp. nov.

変型イソギンチャク亜目・ムシモドキギンチャク科

伊勢優史氏提供

ノリカイメンの一種の中に棲む、ムシモドキギンチャク科のイソギンチャク。この種類だけで、独立したテンプライソギンチャク属を成している（ただし、本章の終盤に書いたとおり、この属の別種と思しきものが、日本中から続々発見されている）。

共生生態は永続のものではなく、ときどきイソギンチャクが抜け出して、カイメンの周囲を這いまわっていたり、イソギンチャクがカイメンに潜《もぐ》り込んで、新たなテンプラ状構造を形成する様子も観察されている。

泉の人生を決めてくれたこの種だが、“思い出補正”だけとはとても言えないほど、形態も分類も生態も実にユニークなんだ。研究の余地は一生分あるだろうな。研究している奴も生粋《きっすい》の変人だから、まさに“割れ鍋に綴《と》じ蓋《ぶた》”ってか。

COLUMN 1

「実家は裕福か？」
～研究業界に飛び込む苦悩～

研究者って、何？

子供たちの将来の夢を聞く番組があれば、必ず出てくる〝研究者〟という言葉。テレビを見れば「○○の専門家」として学者の先生が出てくるし、ノーベル賞を日本人の研究者が受賞すればニュースを騒がせる。世間でも、「学者の先生」という存在は、さぞ輝いて見えるんだろう。

では、突然だが、「研究者」とは何者か聞かれて、すんなり答えられる読者の皆さまがどれだけいるかな？　実は、この問いに明確な答えはないのだ。極論をいえば、何かを研究している人を皆、研究者と呼ぶことだってできる。たとえば、先ほど出てきた鳥羽水族館の森滝丈也さんは、飼育員でありながら、押しも押されもせぬ研究者ともいえる。

しかし、おもに俺たち学者の言う研究者とは、〝博士号を持っていて、研究で生計を立てている職業研究者〟のことなんだよね。すなわち、研究者になるには、大学を卒業したあと、大学院に行って本格的な勉強をすることになる。これがま〜あ長く苦しい道のりなんだわ。というのも、大学院の修士課程は2年間、博士課程は最・低3年間というのが一般的で、大学卒業後も原則5年ものあいだ、学生を続けなければならないのよね。卒業したときは、大抵アラサーというわけだ。

だから、中学高校時代の同期と忘年会に行ったりすると、皆が就職している中、自分だけ延々学生でありつづけるんだよね。特に、俺の出身校である開成の奴らと20代半ばの頃に飲むと、メンバーが「外務官僚《かんりょう》、経産官僚、医者、一流銀行マン、一流物流企業勤め、あといまだに学生《オレ》」みたいな、一見惨め《みじ》（だけど大体の場面でおごってもらえるから、本当はお得）なケースが、よく発生していたんだ。

つまり大学院、特に博士課程まで行くのは、就活では〝行き遅れ〟になる可能性があり、現代では敬遠されるのよ。巷《ちまた》でよく聞く「末は博士か大臣か」なんて、もういまは昔、死語も死語だよ。大臣、というか官僚はいまだに花形なのに、博士なんて〝世捨て人〟がなるようなもんだもん。そして、俺の専門とする分類学なんて、その最たる例なんだよね。だって、たとえば「工学部で高度な機械を作っていました」という人はメーカーに引っ張りだこだろうし、「農学部で作物を専攻しました」なら食品系の企業の口があるだろう。しかし、「理学部で、クラゲやイソギンチャクの新種を見つけてました」なんて奴、いったい全体どこの企業に需要があるんだってんだ。おまけに、分野上、ノーベル賞は逆立ちしても取れないし。

政治家よ、官僚よ、正座して聞け

それを象徴するエピソードがある。1章で扱った卒業研究の指導教員の先生に、大学院の進路を伝えたときのこと。俺が分類学に進むことにその先生はさぞかし喜んでくれるかと思ったら、衝撃《しょうげき》的な一言。

「お前さん、実家は裕福《ゆうふく》か?」

まあつまり、早い話が、「実家の脛《すね》をかじれないと、場合によっては破滅するよ?」という警告なんだよね、これ。指導学生が、自分と同じ分野に進もうと決意を伝えた矢先に、普通こんなこと言うか!?

だが、先生の言葉もごもっともだ。仮に博士号を首尾よく取れたとしても、〝アカ

COLUMN 1 「実家は裕福か？」
～研究業界に飛び込む苦悩～

デミア〟と呼ばれる研究の世界で薔薇《ばら》色の未来が広がっている保証なんか、どこにもない。いや、むしろ博士号を取ってからが苦難のスタートなんだ。だって、前述のとおり分野上民間の就職は厳しいし、いわゆる〝ポスト〟と呼ばれる大学の先生や研究機関の職員はおぞましいほどの競争率。ポスドクと呼ばれる見習い状態が延々と続き、博士号を取ってから10年以上〝食えない〟状態が続くのもザラ。こんな世界に、東大を卒業してまで行くなんて、いかに狂気の沙汰であるか、わかっていただけただろうか？　最近、「東大に入ってまでアイドル？」みたいな投稿をSNSでたびたび見かけたけど、実のところ、「東大を出てまで研究者？」という言葉がまことしやかに言われてしまうほどヤバいんだよね、アカデミア《うち》の業界。

あ、決して、研究業界の中にいる人間として、現状に納得はできないよ。だって、俺たち研究者は「学者」と呼ばれる存在のはずでしょ？　だったら、一番優秀な奴、学のある奴が、こぞって学者を目指す世の中であるべきでしょう。いまはその真逆で、日本では優秀な奴ほど他所《よそ》の業界か、さもなくば海外に流れちまう。学問を究める花形であるはずの学者の待遇《たいぐう》が、こんなんでいいのか？

一度、母校開成出身の政治家も官僚も全員集めて正座させ、状況説明を兼《か》ねて説教したいところである。

食えねえ上等、やってやろうじゃねえか！

さて話を戻そう。「実家は裕福か？」に対する俺の答えは、「ま、食えない時期が多少あっても大丈夫だとは思います」だった。それに対して、指導教員から「泉君ならそれで大丈夫だろう、何よりこの分野はとても楽しいぞ！」との言葉を賜った。そうだよ、俺は何のためにこの〝魔界〟に進もうとしているんだ？　金を儲けるなら同期たちのように医者にでも官僚にでもなればいいし、ただ就職したいならほかの分野がある。俺は趣味を突き詰めるためにこの分野に来たんじゃないか、食えなくて上等だろうよ。そう考えて、大学院でも迷わず分類学の専門のラボに進学し、それから10年経ったいまでも、幸運にも研究者の道を歩んでいる。

断っておくが、泉家は決して名門ではなく、一般的なサラリーマン家庭であった。ただ、たまたま俺はひとりっ子であり、何よりうちの親も、俺が研究者になることを想定していてくれた（研究者が書いた著書を俺と一緒に読んでいたおかげで、駆け出しの研究者がいかに食えないかを、親自身が把握《はあく》していたらしい）。おまけに、我ながらたまたま勉強熱心であったため、塾《じゅく》は特待生で費用がかからず、東大も幸運にも現役合格できたため、その分を博士課程やポスドクに行ったときの費用に貯金しておいてくれたのだ。両親にはおおいに、おおいに感謝である。

……まあでも、博士を卒業した直後には学振《がくしん》PD※に採用され、そのうえ2年後には福山大学の講師に就任したため、結果的に食えない時期なんか一切なかったんだけどね。大学の指導教員も、さぞ俺を見くびっていたんだな（笑）。

※学振PD：博士号を取ってから職に就くまでのポジションを十把《じっぱ》一絡《ひとから》げに「ポスドク」と称したが、ポスドクも千差万別である。学振PDとは、独立行政法人の日本学術振興会が毎年募集するポスドクで、博士号を取ったあとの若手にお給金をくれる。しかも、望んだ研究機関で好きな研究ができるというおまけつき。素晴らしく美味《おい》しいポスドクのポジションだが、競争率が8倍とも10倍とも言われ、採用されること自体がステータスの垂涎《すいぜん》ものなのである。詳しくは4章で！

第2章 震える極寒の海の〝亡霊〟

気温は摂氏《せっし》6度、とても
初夏とは思えない北海道の干潟。
いまにもヒグマの出そうな
霧の原野に、修士課程の頃の
俺がたたずんでいた。そのとき、
「泉さん採《と》れたよ〜っ！」
という師匠の声が響き渡る！
その手に握られた〝亡霊《ぼうれい》〟が、
運命の歯車を噛み合わせる——。

80年ぶりの発見
ホソイソギンチャク
Metedwardsia akkeshi

研究室選びは何よりも大事！

これは、俺が大学院の修士課程に在籍していた時代の物語である。研究者になるために欠かせないのが、大学院での修行である。修士課程で2年間、研究の基礎を学び、さらに博士課程に進学すれば原則3年をかけて、一つの分野の研究を完成させる。実に長く、険《けわ》しい修行の道である。

大学にはご存じ「研究室《ラボ》」というものがあり、ＰＩ（研究責任者、Principal Investigatorの略）と呼ばれる教授を中心に、数人の先生が研究を共にしている。学部生は、3年生ないし4年生になるとその研究室に配属されて、卒研を通して研究を体験する。だが、教授や准《じゅん》教授が牛耳《ぎゅうじ》る研究室でも、実際の研究作業を教えてくれるのは〝院生〟と呼ばれる大学院生だったりするんだよね。

そう、実は研究室の中でも、実際に手を動かして研究しているのは大学院生であることが多いのだ。もちろん教授をはじめとした先生も研究はするんだけど、講義の準備とか大学のくだらん業務とかで忙しすぎて、研究作業の時間を取れないことが多いんだよね。その点、院生は得てして研究をする時間がある、というか、院生の本分は研究の修行をすることだ。だから、研究室で教授やほかの先生の指示のもと、大学院生が、よくいえば教授の手足として、悪くいえば物いわぬ兵隊として、日夜動いているのだ。

だから、大学院生、特に修士課程の学生にとって何よりも大事なのは、研究室選びだ。だって、最低でも2年間の研究の修行なんて、まず自分の興味のある分野でなければ続かない。興味もない分野を2年もやらされるなんて、苦痛以外の何物でもないからね。加えて、教員やラボの雰囲気《ふんいき》との相性だって、研究分野と同じぐらいメチャクチャ大事なのよ。そもそも、最低2年、どうしても教えを請《こ》わなければいけない師匠が不倶戴天《ふぐたいてん》の敵だったら、おぞましいどころの話じゃないもんね。俺はいままで、教員と対立したり、ラボ内で孤立したりして、研究業界に見切りをつけてしまった優秀な奴を何人も見てきた。中には精神を病んでしまった人もいてな……。人材の宝をアカデミアから追い出してしまうなんて、戦犯《せんぱん》も戦犯、いますぐ討ち入りに行きたいぐらいだよ。

ラボ選びのコツに関しては、それだけで一冊の本が書けるほどのウラ話があるのだが、この著書の本題ではないのでこのぐらいにしておこうか。とにかく、いい加減にラボを選ぶと死ぬほど後悔する、そんなもんだと思ってください。

人生の師匠との出逢い

さて、イソギンチャク研究をするにあたって、俺を悩ませたのはその研究室選び。話はすこし戻って2013年冬、学部3年生の頃の話。俺は実は、大学院生になったらクラゲの研究にシフトチェンジしようと思っていて、クラゲ研究をできるラボを探していた。しかし、卒研の指導教員も、なんなら〝大将〟こと伊勢さんすらも、「クラゲ研究はいまの日本では難しい」と口をそろえる。そう、日本にクラゲの分類を修行できるラボはないという、厳しい現実が突き付けられたんだよな。

そうだ、イソギンチャクの本でクラゲの話を語るのもなんだが、すこしだけ説明しよう。「クラゲ」というのは、第1章で説明した分類でいえば「刺胞動物門《しほうどうぶつもん》」の「ヒドロ虫綱《ちゅうこう》・鉢虫綱《はちむしこう》・箱虫綱《はこむしこう》」というグループに属する生き物だ。イソギンチャクと違い、いくつものグループの生物の総称なんだよね。たとえば、水族館で一番多く見られるミズクラゲや、大量発生で有名なエチゼンクラゲは鉢虫綱のクラゲで、海水浴の嫌われ者のアンドンクラゲ・沖縄の猛毒クラゲであるハブクラゲは箱虫綱。そして、ヒドロ虫綱には、ノーベル賞で有名なオワンクラゲや〝電気クラゲ〟のカツオノエボシなどが属する、このヒドロ虫綱のクラゲは分類的に未開で、かなりの未記載種が採集されるので、俺はこれをやろうと思っていた。

だけどクラゲの研究は、ただでさえ難しいイソギンチャクの、そのさらに一段上で難しい。というのも、まず体がきわめて脆弱《ぜいじゃく》で砕《くだ》けやすい。それはすなわち、きれいな形を維持して採集することも、標本に残すことも難しいということだ。場合によっては、標本が自重《じじゅう》で潰《つぶ》れて崩壊《ほうかい》するとも聞く。だから、イソギンチャクと違い、きれいなクラゲの標本を持っている人は少ないんだよね。かといって、自分で採りにいこうにも、浮遊しているクラゲは海のどこにいるかわからない。たとえば、イソギンチャクがいるのは、海の底だとなんとなくでも想像できるだろう？　だから、海底を二次元的に探せばいい。一方、海中を漂《ただよ》うクラゲは、海中のどの深さにいるか、皆目《かいもく》わからない。よって、三次元的な採集が必要で、〝狙って採る〟のがはるかに難しいのよ。年限のある大学院生の研究で大事なのは、「結果が出る見通し」なところがあり、クラゲとはあまりにも相性が悪すぎた。おまけに、俺がテンプライソギンチャクでやったようにクラゲの新種を見つけたい場合、クラゲの分類がわかる先生のラボに行かなければならないのだが、あの頃、そんな熱心な先生は日本にはいなかったんだ。

だから、大学院の研究テーマはおのずと〝クラゲと比べてまだ楽な〟イソギンチャクにしぼられてきたんだが、それはそれで難点があった。日本に、イソギンチャクを専門とするラボも、それこそ一切ないんだよね。だから、イソギンチャクを教えてくれる先生に別途、師事《しじ》しなければならない。

図1　柳さんと泉。柳さん、この時やたらと髪伸びてたんだが、写真はこれで良かったのだろうか？　突然ツーショットをせがんだのが悪いんだけど。

そんな悩みを持った頃、俺は卒研の指導教員経由で、ある人と出逢う。俺の人生を決定づけたその人こそ、柳研介《やなぎけんすけ》博士だ（**図1**）。千葉県立中央博物館の分館「海の博物館」の主任上席研究員である柳さんは、俺が研究を始めた時点で、日本で唯一のイソギンチャクの分類学者であった。イソギンチャクは、一つの〝目《もく》〟にあたるグループだったよね。皆さまのお馴染みの動物で言えば、ウシ、キリン、イノシシ、ラクダ、カバにクジラまで属する鯨偶蹄目《げいぐうていもく》や、魚の約40%を占めるスズキ目と同じランクにあたる。この泉の登場まで、こんな広範囲の生物の分類を一人で担っていた、本当にすごい人なんだよな。おまけに、本人は腰が低くて物腰も丁寧《ていねい》、つまりこの本の著者のような嫌なイメージが一切ない。ときどき髪は伸びすぎているけど。この人こそ、泉のささやかなる研究人生で、ずっと背中を追ってきた研究者だ。

あのテンプライソギンチャクの分類においても、観察は俺自身、もしくは伊勢さんと共同で行ったものの、方法論に関しては柳さんの存在を抜きにしては語れない。当然、テンプライソギンチャクの論文にも共著者として連名していただいたが、柳さんの薫陶《くんとう》を絶大に受けたのはむしろこのあと、大学院生の時代だった。

世にも奇妙なラボ　〜国立科学博物館・連携大学院〜

散々クラゲや柳さんの話をしたわりに、ラボ選びの話をしていなかったので、その話に戻ろうか。結論からいうと、俺が最終的に選んだのは、国立科学博物館（通称「かはく」）であった。……いやいや、お前の最終学歴は東京大学の院だろ？　さては詐称《さしょう》か!?　と思った方は落ち着いてほしい。国立科学博物館には、「連携大学院制度《れんけいだいがくいんせいど》」というものがある。

連携大学院制度ってのは、平たくいえば〝ある大学の所属だけど、研究室自体は別の機関に置く（＝連携する）〟ということだ。俺で言えば、大学院は東京大学の所属でありながら、研究室は国立科学博物館にあったんだよね。国立科学博物館というと、皆さんが思い浮かべるのは台東区《たいとうく》の上野にある、シロナガスクジラとか機関車とかが置かれているあのイメージかな？　あれは、あくまで展示室であって、国立科学博物館の本丸である研究施設は茨城県のつくば市にあったんだよね。いままで俺は実家暮らしだったから、初めての一人暮らし、ということになった。いや、千葉県の実家からも通えないほどじゃないんだけど、研究で遅くなったときに帰れなくなるし、何よりつくばエクスプレスの定期代がとんでもなかったんだ。

さて、研究学園都市として知られる、茨城県つくば市。種々の機関のハコモノ……いや、最先端巨大研究設備が立ち並ぶこの地に、国立科学博物館《かはく》の筑波研究施設がある（**図2**）。かはくの誇る最新の分析機器や解剖用具がそろっているが、ここの魅力はそれだけではない。日本中の貴重な植物を育てる実験植物園には絶滅危惧種をふくむ貴重な植物が咲き誇り、ときに〝世界最大の花〟ショクダイオオコンニャクが異臭《いしゅう》をまき散らしている。さらには、標本庫には世界中から集まった生き物たちの実物や人骨のコレクションが眠っているんだ。きわめつけには、動物・植物・人類・地学などさまざまな研究部があり、それぞれの部に選《え》りすぐりの研究者がいる！

図2　懐かしき、国立科学博物館筑波研究施設。セコムが随所にかかっていて、夜は歩き回るのが怖い。(吉川晟弘氏提供)

そんな感じで、たしかにメチャクチャすごい施設ではあるんだけど、少なくとも俺の場合、学部時代にもましてバリバリ研究ができる！　という環境にはならなかった。というのも、大学の研究室とはかなりの面で勝手が違ったのよ。具体的にはこんなところだ。

・**大学の研究室と違い、一つのラボに複数の研究者がいるわけではない。**「兼任《けんにん》教授」という指導教員の教授以外、周りにいるのは〝大学の先生〟ではなく、〝機関の研究者〟ということになる。だから、大学の先生ほど教えることや学生の相手に慣れていない。

・**ラボ単位で部屋があるわけではない。**実験室はもちろん、院生の控《ひか》え室も共有で、しかも他所《よそ》の大学の学生（※近隣の筑波大学の連携大学院にもなっている）やポスドクとも共用。つまり、大学のようなラボの上限人数がないので、人数が少ないうちはいいが、人が増えるとスペースがかなり手狭《てぜま》になる。
・**公《おおやけ》の施設なので、夜には閉館しセコムがかかる。**だから〝不夜城《ふやじょう》〟と呼ばれる24時間営業の大学と違い、夜通しの実験ができず、計画的に仕事をする必要があった。

加えて、連携大学院生という所属も曲者《くせもの》だった。所属上、講義や手続きがあるたびに、高額と悪名高いつくばエクスプレスの運賃をはたいて東大の本郷キャンパスまで行かなければならない。しかも、あくまで「東大の院生」だからか、国立科学博物館の中では若干〝よそ者〟という雰囲気があり、職員とは明らかに扱いが分けられていた（たとえば、前述のセコムを開錠《かいじょう》・施錠《せじょう》できる権利が大学院生になく、最後の職員の退出前に帰らなければならなかった）。全体的に、大学の研究室に在籍するのに比べ、損をする要素が多かったように思う。

だから、現役当時は不満点ばかり吐き散らかしていた……。だが結果的には、多少不便でも我慢してかはくに在籍していたからこそ、いまの俺の人生があるのだ！　人間万事塞翁が馬、その言葉が身に染みている（デジャヴ？）。

イソギンチャク研究へ
～指導教員に逆らってまで～

先ほども言ったとおり、大学院生の時代は一般的に、指導教員の手足として、研究に集中させられる時間だ。しかし、そんな指導教員の兵隊のような任務を、この〝人生反抗期〟のような俺がやると思うか？　まあすでに、読者の誰も思っていないと思うが。

いまさらだけど、修士1年目で配属された国立科学博物館の連携大学院のラボ、一応「研究室のテーマ」があった。それは、「棘皮《きょくひ》動物の自然史」というもの。その棘皮動物とは、ウニ、ヒトデ、ナマコの仲間を代表とする動物たち。「棘皮」の名前のとおり、棘々《とげとげ》しいもしくはざらざらした皮に覆われた見た目の生物が多い。ヒトデを代表として五角形や星形といった形をしており、頭や手足を持たないなどヒトとはかけ離れた見た目をしているが、実はイソギンチャクはおろかタコやカニなどよりもずっとヒトに近い生物である。棘皮動物も語るとメチャクチャ面白いんだけど、この本の本筋ではないのでこの辺にしておこうか。

要するに、大学院時代の研究室は、イソギンチャク・クラゲはおろか、刺胞動物すらも縁のないラボだったのだ。一応、「分類学の根っこはどの動物でも同じだから、必要最低限の勉強はできる！」という見込みで決めたようなものである。あ、あとガキの頃から行っていた、〝あの〟国立科学博物館のネームバリューに惹かれてね。

当然、大学院の指導教員もクモヒトデという棘皮動物の専門家だった。いまは歳を取ってだいぶ好々爺《こうこうや》感があるが、俺が配属された当時はけっこうとんがった無愛想なおっちゃんであり、ひよっこの身分では話をするのが正直億劫《おっくう》だったんだよな。そんな指導教員に、4月に研究テーマを相談しに行ったときのこと。指導教員は、俺にあるテーマを提示してきた。それは、八放《はっぽう》サンゴという、イソギンチャクとはだいぶ毛色の異なる刺胞動物の分類の解明であった。それに対して俺は一言。

「あ、それはやりたくないです」

デジャヴというか、何かさっき聞いたようなセリフだな（笑）。そう、なんの因果か、またも指導教員の提案を蹴ることになったのである。その頃にはすでにイソギンチャクの分類をやろうと決めていたからな。当然、驚くおっちゃん（あ、いま現在、大学院の指導教員のことを親愛と敬意をこめて「おっちゃん」と呼んでるんで、以下この呼称でいきます）。まあ、そりゃそうだ。普通、修士1年でいきなり提示したテーマを即断《ことわ》る人間なんていないよ。まして、ひと昔前まで〝ボスの言うことは絶対〟みたいな文化のあった研究業界でね。

「じゃ、何をやるつもりなんだ」と冷徹に問うおっちゃん。

「学部でやっていたイソギンチャクの研究を発展させます」と俺。

その後、「標本は手に入るのか？」「適切なグループはあるのか？」などの試問をかいくぐった結果、修士のテーマは……ムシモドキギンチャク科となった。

皆さん聞き覚えあるよな？　そう、テンプライソギンチャクの属していた、あのグループだよね。このムシモドキギンチャク科、当時世界で120種以上知られる超巨大な科だったのだが、その大部分は大西洋やインド洋から発見されていた。※その一方で、日本では過去にわずか10種しか知られていなかったのよ。せっかく11種めとなるテンプライソギンチャクを見つけたのだし、独力でこのグループの仕事を続けていこう！　となったわけだ。

あ、念のため断っておくが、大学院生は本来、研究室の旗頭《はたがしら》である指導教員の言うことには、絶対に従っておいた方がいいよ。経験豊富な教員の方が、修士の2年間でも結果が

※近代分類学がヨーロッパで勃興した都合、大体の生物においては西洋の生物相の方が知見が豊富と思ってよい。面白いことに、ヨーロッパに次いで知見が豊富なのは、列強が植民地にしていたインド洋やアフリカの生物だったりする。その中で、極東アジアは欧米から遠いうえに、その頃鎖国していた日本がのさばっていたから、意外なほど研究が遅れてるんだよね。

出るテーマを把握しているのだから。ただし、確固たる意志を持ったうえで、冒険して成功した人間の方が、その先の栄光という面でいえば利があるから、自分の意志を貫くのはある意味「賭《か》け」ではある。

分類学者の命、フィールドワーク

てなわけで、晴れて大学院生になり、ムシモドキギンチャク科の分類学の仕事を始めた俺。指導教員の指示のもと、まずは標本を収集する段階に入る。しかし、おっちゃんの提案に逆らってまで始めた分類群※だから、当然標本はかはくにはほとんどない。だから自分で採集する必要があったんだよね。いわゆるサンプリングのためのフィールドワークってわけだ。それって何をするの？　という人たちのために、イソギンチャク屋のフィールドワークの様子をご紹介しておこうかね。

まず、海に出ます。いや、闇雲に出るわけではなく、「ここを調べたい」「ここにはイソギンチャクがいそう」というある程度のあたりをつけてからそこに行くというわけ。あたりのつけ方は、たとえば過去の論文に採集記録があるとかでもいいし、海岸の状態がよさそう、とグーグルマップを見て決めることもある。ときには海岸をドライブしていて、ここ調べたい！　という場所で車を停《と》めるのも一興《いっきょう》。１００％お目あての生き物がいる保証のある場所なんてないし、そんな場所に行っても面白くねえだろ？　人生は博打だ。ま、俺は現実のギャンブルは大嫌いなんだがな。

さて、海に出たら、狙いの生物がいる場所をひたすら探る。俺だったら、ムシモドキギンチャク科のイソギンチャクを探すため、砂浜や干潟を狙う。テンプラはともかく、普通のムシモドキギンチャク類※は砂や泥の中に潜って棲むからだ。目では見えないので、シャベルでひたすら砂を掘って、それを目視で、もしくは篩《ふるい》でふるって生物を選《よ》り分《わ》けていく。これをソーティングと呼ぶ。選り分けた生物だけを、海水を満たしたボトルや標本瓶《びん》に収納したら、晴れて採集は完了だ。本命のイソギンチャクだけ回収することもあるし、ほかの生物も一緒に持ち帰ることもある。あとはラボに持ち帰って標本化し、外見や切片《せっぺん》など

※「分類群」「○○類」はあるグループに属する生物の便利な総称のこと。例えば、「イソギンチャク類（＝目）」でも「ムシモドキギンチャク類（＝科）」でも、あらゆる分類の段階に使えるので、主にざっくりと「○○の仲間」を示したいとき、および分類段階がゆらいでいるときなどに使われる。ここからたくさん出てくる用語なので、覚えておいてくれ。

の分析を行う。

採集方法はほかにもある。たとえば磯を歩いて岩にくっつくイソギンチャクを探すこともある。砂に棲まないテンプライソギンチャクは、この方法で最初に採集されたんだ。ときにはシュノーケル、さらにはスクーバダイビングの機材を背負い、全身海に潜って採集を行うこともある。目あての生物を集めるのに骨身《ほねみ》は惜《お》しまぬ、我ら分類学者の炎の生きざまだってね。

ちなみに、イソギンチャクのついでに持って帰った生物も適当な方法で標本化し、その筋の専門家に差し上げる。もちろん、恩を売るためにね。こうしておけば、あとでイソギンチャクの標本をもらいやすくなるからな。

分類学者の間では、原始時代のごとく日々物々交換が行われている。貨幣《かへい》経済が発達する兆《きざ》し、まるでなし。まあ標本が売り買いされたらディストピアそのものだし、これでいいのか。

泉も船乗れば未記載種にあたる

干潟、磯、ダイビングと来て、もう一つ、我ら特有の面白い採集文化を紹介しておこう。それは「乗り合い船」だ。ダイビングも及ばない深場《ふかば》の生物や、船でないと出られない海のど真ん中において、船に積んだ採集器具を用いて珍しい生物を一網打尽にしてしまおう、というなんとも豪快な採集法である。

図3　広島大学の誇る実習船、豊潮丸。俺は何かとこの船と相性が良く、未記載種を何種も手にしている。

泉は2014年5月、すなわちラボへの配属からわずか2か月目に、広島大学の所有する練習船である豊潮丸《とよしおまる》に乗船していた（**図3**）。いや、正確にはおっちゃんから「行け」と言われて派遣された、という方が正しいか。豊潮丸調査には、あらゆる研究機関からいろんな研究者が乗るので、研究業界への顔つなぎにもなる、というおっちゃんの心遣いなのだろう。

ということで、瀬戸《せと》内海《ないかい》の呉《くれ》にある、広島大学の練習船基地を出発。造船の町、呉の工場群を抜ければ、関門海峡《かんもんかいきょう》を通って荒波の日本海を往復する、10日間の調査だ！

……今でこそ威勢よく言っているけど、ぶっちゃけ乗船調査は、好き嫌いがめっちゃ分かれます。俺としては、いま現在の〝一人前の研究者として乗船する〟乗船調査は好きだけど、科博《かはく》での兵隊だった当時は全然好きじゃなかったんだよね。だってさ、ポイントにつけば否応なく生物の回収に駆り出され、泥だらけ、海水まみれになりながら生物を選り分ける。採れた数が多ければ、夜まで寝られない。おまけに、大きいとはいえ船だからね。人並みに船酔いする俺にはけっこうきついわけよ。アネロン（強力な酔い止め薬）でドーピングするんだけど、油断するとすぐにバタンキュー、ってわけだ。

そんなこんなで、最後の方はふらふらになりつつもなんとかハードスケジュールをこなし、瀬戸内海に戻ってきた最後の採集ポイント。そこで、すごくヘンなオレンジ色のイソギンチャクが1匹、底引き網の泥からコロンと出てきた。当時はろくにイソギンチャクの知識がなかったが、それでも「ん？」と思ったこの種類。ラボに帰って調べてみたら、なんと未記載属かつ未記載種の、超絶レアな種類だった！

海水にまみれ、船酔いにやられつつも、やっぱり船って乗ってみるものだね。このあとも、この泉の研究人生において、豊潮丸で採集されたサンプルを何度も論文に使わせてもらっている。

論文事始の苦悩 ～新種記載論文とは～

先ほどの豊潮丸で採れた超レアなイソギンチャク、泉はこの種に「アンテナイソギンチャク」（イソギンチャク図鑑❹）という名前をつけたのだが、なかなかにすごい種だった。この種はムシモドキギンチャク科ではないが、この種が俺の初めての論文のテーマとなったので、ちょっと寄り道させてくれ。

このアンテナイソギンチャク、コンボウイソギンチャク科というグループに属するのだが、テンプライソギンチャク同様に既存《きそん》の属に入らない。触手の配列、そしてそれを決める隔膜《かくまく》の配列が非常に特殊で、隔膜の配列を属の重要な基準とするこの科において、同じ特徴を共有する属が存在しないのだ。しかも、本種は2種類の触手を持つ。体の周囲にある触手だけでなく、口の左右にピーンと立った別の種類の触手がある。こんな特徴を持つ種類、イソギンチャクの中でも知られていない（当時は知識がなかったので、これは柳さんに教えてもらった）。

よって、この種を新属新種として論文で記載しよう、ということになった。しかし、いかんせんノウハウなんか一切ない頃。柳さんやおっちゃんにチェックしてもらい、何度も原稿に修正の赤字を入れられながら、初の記載論文をなんとか仕上げた。

そういえば、新種記載論文について、前章ではあまり詳しく取り上げなかったから、すこし詳細に見ていこうか。たとえば、俺のアンテナイソギンチャクの記載論文についていえば、基本的な構成は

・導入（Introduction）：過去の研究を受けて、自身の研究の着想を語る
・材料と方法（Materials and Methods）：研究が再現できるような方法論を書く
・結果（Results）：観察結果や実験結果を粛々《しゅくしゅく》と描写
・議論（Discussion）：結果の解釈や今後の展望を記す

以上に加えて謝辞などのこまごました章から成っている。この辺は普通の論文と同じなのだが、いくつか通常の流儀と異なることがある。

まず、なんといっても新種記載論文なので、メインの結果は新種の情報の記載ということになる。それはすなわち、「結果」の章の多くを占《し》めるのが、体系にのっとった新種につ

いての記載ということだ。俺の論文なら、アンテナイソギンチャクの学名、基準となる標本の図版、学名の由来、そしてその種の特徴を書きおろしたパートを盛り込んだ。

そしてもう一つ、記載論文では、「議論」の章はしばしば略され、「結果」の一部になるという慣例がある。普通の論文で議論のパートがないのはまず許されない。しかし、新種記載論文ではそれが許されるのだ。だって、そもそも新種記載論文で行う議論って、端的にいえば「この種は既存の種のどれとも違う」ってことだけなんだよね。だから、結果に比べて考察が分量的にあまりに尻すぼみになってしまうんだ。とはいえ議論がないわけではなく、記載部分の最後に「備考（Remarks）」というかたちで添《そ》えられることが多いってこと。もちろん、ほかにも議論がある場合は、議論のパートを作るのはまったく問題ないけどね。

まとめると、新種記載論文って、大学の学部で習うような〝普通の〟論文の書き方の勉強がイマイチ通用しないのよ。むしろ、ひたすら繰り返し論文を書いて、型に慣れていくしかない。アンテナイソギンチャクのときは経験なんか皆無、しかも欲張って新属の記載まで加えてしまったのでめっちゃ苦労したわ。

それでもなんとか頑張って、２０１５年秋、ギリギリ修士のうちに、最初の論文の受理をいただくことができた。泉の伝説は、新属新種アンテナイソギンチャクから始まっていったのだ！　……ちなみに、某《ぼう》大将がテンプライソギンチャクのチェックを滞納していた頃である。早い話が、テンプラの論文化が遅れてたから、ノウハウがなかったんだよ（笑）。

生涯のダチにして最強の好敵手

いきなりだが、読者の皆さんには、盟友《ダチ》はいるか？　ただの友人じゃねえ、盟友である。俺は人づきあいが嫌いで、友人はあまり多くない。なんつーか、俺、人の顔をまったく覚えられないいんだよね。大学の同級生ですら、髪型を変えられるとしばらく「誰？」みたいな状態だった。そりゃ、女にはモテないわけだよね。「髪型変えた？」とかいうレベルじゃなく、誰だかわかんなくなるんだもん。話を戻すと、俺は友人なんざ、そんなに多くなくてもいいいと思っている。普段の生活で毎日関わるわけじゃないしね。その代わり俺には、日本に10人ほど、盟友と呼べるような奴がいるんだがね。

さて、泉にはそんな盟友にして〝好敵手《ライバル》〟と呼べるような男がいる。現在名古屋大学で講師を務める自見直人《じみなおと》という研究者だ。俺と同じ分類学者（奴の専門はゴカイ類）で、学年も同期、職歴も出世もほぼ同じで、名前もビミョーに似ている(笑)。もはや腐れ縁と呼べるような、この男と知り合ったのは、修士課程の頃だった。

どうにもフィールドワークに出不精《でぶしょう》な俺と違い、自見はフィールドワークの鬼ともいうべき男である。俺がつくばで標本処理をしたり、イソギンチャクの切片を切ったりしているときも、東京湾《わん》とか北海道とか熊本の天草《あまくさ》とか、全国各地にゴカイ類の調査に行っていたようだ。うらやましい。で、奴の専門のゴカイ類と、俺が専門とする砂地のイソギンチャクって、けっこう住処《すみか》が似ているんだよね。それはつまり、ゴカイを掘りに行った自見ちゃんが、一緒にムシモドキギンチャクをはじめとした砂地のイソギンチャクを標本化して、俺にくれるってことなんだ。修士課程から先、俺は何度も自見に標本をもらっている。ときには、すさまじく貴重な標本もあり、したがって俺の研究成果の一部を自見が支えているといっても過言ではない。

自見のことは普段から「輩《やから》」「あの野郎」「バカ」などとひどい呼びようだが、正直に白状するけど、日々、感謝に堪《た》えないんだよ。あ、絶対に本人には言うなよ。

そういえばあいつ、この本を俺が書いているとき、こともあろうに南極に行ってるんだっけな。まあどこでもいいか。なにせ行き際に交《か》わしたＬＩＮＥが「気いつけな」「(頑張ります、ってスタンプ)」の一往復だけだったたし。近所の銭湯にでも行くのかって感じ。

謎の標本が送り付けられてきた

北海道、室蘭《むろらん》の電信浜《でんしんはま》でサンプリング調査中の自見からいきなり、フェイスブック（SNS）のメッセンジャーで写真が送られてきたのは2014年の秋のこと。「これなに？」というメッセージとともに表示されたのは、謎のイソギンチャクの写真（**図4**）。ムシモドキギンチャク類には違いないのだろうが、すこしつるっとしている印象。これだけではまったくわからないので「わかんねえ、くれ」とか返した気がする。

そのあとにあらためて自見ちゃんから送られてきた標本。それを眺《なが》めまわして、俺は息を呑む。あ！　これこそ、探し求めてた〝アレ〟じゃねえか!? と。

俺が修士課程でテーマにしていたムシモドキギンチャク科には11の属があるが、その中で、日本で記録された属が一つだけある。しかもその属は日本固有種の1種しかふくまれず、属の設立以来一切手を付けられた形跡がない。そんな化石みたいな属は、名前をホソイソギンチャク属［*Metedwardsia*］というのだが、唯一の種であるホソイソギンチャク［*Metedwardsia akkeshi*］自体の情報がまったくといっていいほどなく、生体はおろか標本を見たことも、その居場所すらもつかめていなかった。そのホソイソギンチャクが、幸運にも目の前にある。よし、修士論文にも、この属の分析を入れよう。そう決めたのだった。

　この個体が、のちに迷宮への入り口になるとは、つゆほども知らぬまま……。

　翌2015年の1月、俺はイソギンチャクの師匠である柳さんを訪ねた。千葉県立中央博物館分館・海の博物館、千葉県の外房《そとぼう》である勝浦《かつうら》市にある施設だ。だから、訪問の度に柳さんと勝浦タンタンメンを食べるのが楽しみなんだよね。で、日本で唯一のイソギンチャクの分類学者である柳さんが研究しているので、この標本庫にはイソギンチャクの標本が相当数集まっている。まあ、死ぬほど忙しい博物館の職員なので、収集したあとはなかなか分析できないのが悩みらしいんだけど。

図4　自見が送ってきた謎のイソギンチャク。ケータイで急いで撮影したのが画質から分かる（コラ）。（自見直人氏提供）

　だからこそ、未整理の標本庫を掘り返して、修士論文に使う標本を借りることを目的に潜入したわけだが……標本庫で、俺は驚くべきものを目にする。その標本のラベルにあったのは「ホソイソギンチャク*Metedwardsia akkeshi*」。何だよ、ここに標本あったんかい！　柳さんに聞くと、2003年に根室にある温根沼《おんねとう》という汽水湖《きすいこ》（淡水と海水が混じり合う、塩分の薄い湖）で採集されたのだとか。ふむなるほど、北海道では室蘭に加えて根室の計2地点で採集、ってことだな。そう納得しかけた俺、その温根沼の標本を見て、一つの疑念に取りつかれる。

これ、室蘭のと別種じゃねえの……？

どっちがホソイソギンチャクでSHOW？

俺の頭を疑心暗鬼《ぎしんあんき》に叩き込んだ北海道の標本たちを、比較した写真を載せてみた（**図5**）。見た目からして、けっこう違うよな。

ホソイソギンチャクの疑いのある種が2種いるので、以下、自見がくれた室蘭の種を候補①、柳さんから借りた根室・温根沼の種を候補②と呼ぶことにしよう。ホソイソギンチ

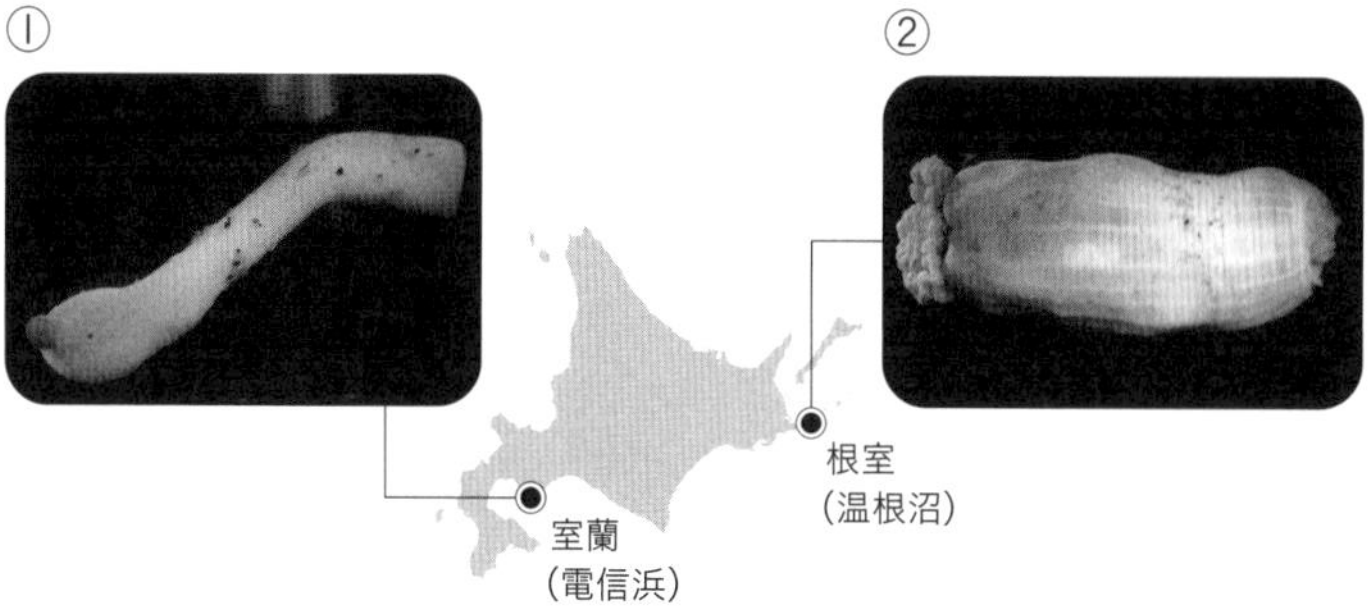

図5　左が室蘭産の標本、右が根室産。どっちがホソイソギンチャクなんだ!?

ャク属には1種しか存在していないので、これらが別種であれば、片割れ（ホソイソギンチャクでなかった方）はおのずと未記載種ということになる。

候補①、②は全体としてはよく似ているものの、細かな違いがあった。

・体のプロポーションに関しては、候補①はいかにもムシモドキギンチャク類のような細長い形態をしているのに対し、候補②は樽《たる》のように寸胴《ずんどう》体型であり、ムシモドキギンチャク類かも怪《あや》しい。

・わずかにのぞいた触手からその形状と模様を見たところ、候補①には候補②にあるような黒い縞々模様がなかった。候補②が10年以上前に標本化されたものであることを考えると、時間経過によって候補①の模様が消滅したとは考えにくいので、元々模様がはなかったと考えるのが自然だ。

・生息地に関しても違いがあり、候補①が採集されたのは室蘭の「電信浜《でんしんはま》」という海の浜であり、底質《ていしつ》は転石でできた砂地の海岸であるとのこと。候補②の方は汽水湖だから塩分濃度はずっと低く、かつ底質も泥であることが確かめられている。

うーむ、けっこう違うんだよな。これ、どっちがホソイソギンチャクなのだろうか？

未記載種を発見したときの処方箋

ここで皆さまに、Dr.クラゲさんから、人生を豊かにする耳寄り情報をお伝えしよう！題して、「未記載種っぽい生物を見つけたとき、何をすればいいか」！

おそらくこういう局面、読者の一部は人生で直面することになるだろう。0・01％ぐらいの人が。

(一) 記載論文を読む

まず、未記載種っぽい生物を見つけたら、その種に近縁《きんえん》な生物の「新種記載論文」を読みなさい。どの生物にも必ず記載論文が存在する。学名をつける根拠こそ、その記載論文だからだ。中には18世紀、日本でいう江戸《えど》時代に、西洋で書かれた記載論文もある。ときにはそれは英語ですらなく、フランス語、ドイツ語、ときにロシア語であることも。それでも頑張って読むのだ。辞書を引き、OCR（光学文字認識）にかけ、グーグル翻訳《ほんやく》してでも読む。それでも無理なら、図だけでも見よ。そうやって情報を比較し、手元の標本が未記載種なのか、それとも過去の種と一致するかを調べるのだ。

(2) タイプ標本と比較する

ま、これだけで一致したら苦労はない。大体の場合、「え？　これどっちの種？」「ここは一致してるけど、こっちの特徴は一致しない……」「おいてめえ、死ぬ前に種の特徴ぐらいちゃんと書いとけやゴルァ！」みたいなパターンになりがちなんだよね。古い文献だと特に、すでに亡くなった方に呪詛《じゅそ》をぶちまけるハメになる。

さて、その場合の解決策は、実物を見てみることだ。そもそも分類学には、新種を記載するとき、「その種の基準となる標本」を残すという決まりがあるのね。この標本を「タイプ標本」というのだけど、種一つにつき最低一個体のタイプ標本が、世界のどこかに眠っている。論文の情報が不確かなときは、標本をその目で見て、自分で情報を追加するのだ。

まあ、分類学が西洋で新興した都合、タイプ標本は欧米にあることが多いので、極東住まいの我々はヨーロッパやアメリカの博物館や研究施設に遠征しなくてはならない。わが師・柳さんも、〝イソギンチャクタイプ標本分析ツアー〟みたいな、博物館に入り浸っているだけの、一ミリたりとも魅力を感じないヨーロッパ旅行に行っていたことがある。なおその恩恵（柳さんが撮ってきたタイプ標本の写真）を日本でタダ取りしている、ろくでもない男がこの本の著者である。

（3）実際の産地でフィールドワークする

世の中上手くはいかないもので、（1）（2）では解決しないこともザラである。たとえば、数百年も保存されている標本は保存状態が悪いときもあるし、またはタイプ標本自体がなくなっていることもある。例えば、ずさんな管理のために捨てられていたり、ラベルが読めなくなってほかの標本に紛《まぎ》れているなんてこともあるのだ。なかには、博物館の火災や、戦火に巻き込まれて消失しているという、笑うに笑えないケースもある。

それでもあきらめない、粘着質な学者がとる裏《うら》ワザ。

それは「もう一回、同じ産地で採ってしまおう！」というもの。

もし同じ産地で、同じような特徴を持つ生物が採れている、という情報が入ったなら、新しく採れた個体を「その種の代表」であるタイプ標本に新たに指定することもできるわけだ。この、タイプ標本が採れた産地のことを「タイプ産地」という。

こんな感じで、分類学は種の特徴を定義し、それに恒久《こうきゅう》的な学名をあてる都合、いくつもの保険をかけて「その生物のアイデンティティ」を担保しているわけである。先人の知恵ってのは、つくづく恐れ入るよな。

〝亡霊〟のイソギンチャク

さて、それでは、前述の処方箋を、ホソイソギンチャク問題にあてはめてみようか。

(一) 論文の記述をあたる

ホソイソギンチャクを新種記載したのは、内田《うちだ》亨《とおる》という日本人だ。ジャーナルの方は『日本動物学彙報《いほう》』といい、テンプライソギンチャクを記載した動物学会の雑誌、『Zoological Science』の前身。東大の図書館に頼んでコピーを発注し、その記載論文を読んでみたところ、お示ししたような**図6**と、簡素な記載文があった。おい！　なんだこの小学生でもかけそうなスケッチは！　まああたり前である、新種記載された年は1932年。満州事変の翌年である。おそらく時勢上、満足な写真を使った記載は難しかったのだろう。ということで、内田の記載論文のホソイソギンチャクと候補①・候補②を見比べたところ、「体のプロポーションは候補①が近い」「触手に斑紋《はんもん》が入る点は候補②が似ている」というわずかな手がかりは得られたものの、この方法では、どっちがホソイソギンチャクなのか、判別できなかった。

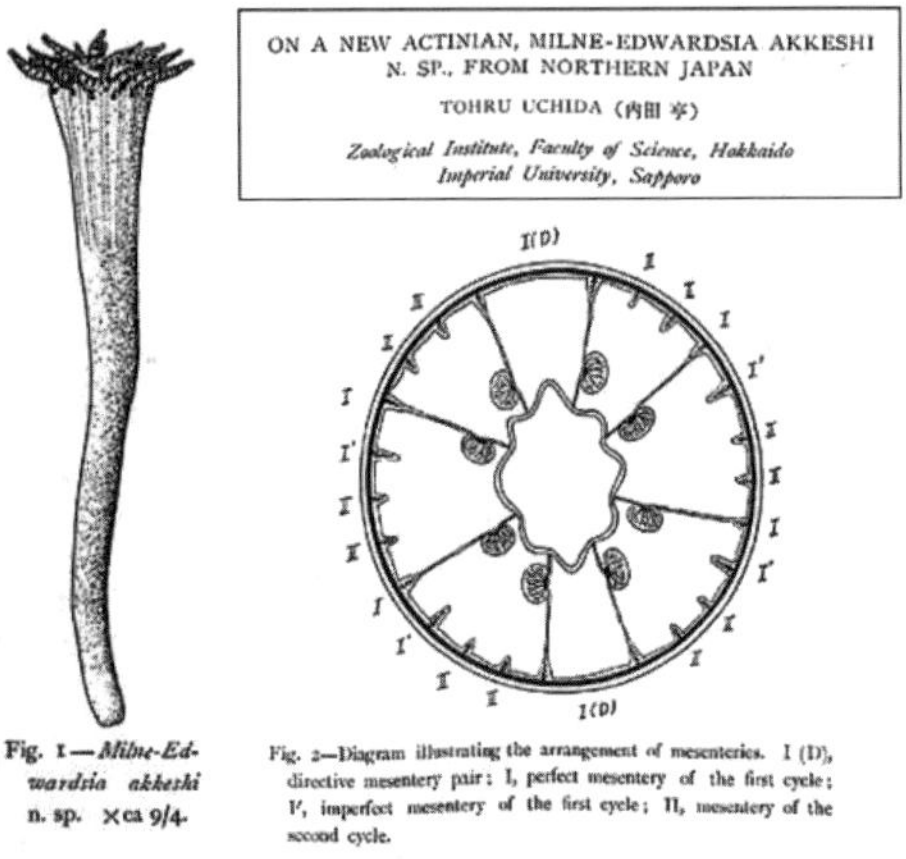

ON A NEW ACTINIAN, MILNE-EDWARDSIA AKKESHI N. SP., FROM NORTHERN JAPAN
TOHRU UCHIDA (内田亨)
Zoological Institute, Faculty of Science, Hokkaido Imperial University, Sapporo
Fig. 1—Milne-Edwardsia akkeshi n. sp. ×ca 9/4.
Fig. 2—Diagram illustrating the arrangement of mesenteries. I (D), directive mesentery pair; I, perfect mesentery of the first cycle; I', imperfect mesentery of the first cycle; II, mesentery of the second cycle.

図6　内田亨のスケッチ。言っちゃ悪いが、後世にこれっぽっちでどう判断しろと……？（Uchida（1932）より引用）

(2) タイプ標本と比較する

ならば、ホソイソギンチャクのタイプ標

本と比較するしかない。内田亨は北海道大学の教授だったから、標本ぐらいあるだろう、と考えた俺が甘かった。実は、さっき言ったタイプ標本を残す決まり、1940年にできたんだよね。そう、1932年にはその決まりがなかったんだよ。しかも、それ以前の研究者でもタイプ標本を残す人はいたのだが、内田亨はタイプ標本を残さないまま死にやがっ……お亡くなりになられたようだ。この辺抜かりない柳さんが、内田ゆかりの北海道大学で手がかりを探したらしいのだが、見事に空振り。

つまり、現物と比較しようにも、比較対象がねえんだ。この方法も使えまい。

(3)産地でもう一回採集する

なら仕方ない、裏技の「タイプ産地での採集」を、と思ったが、わが目を疑う報告が近年の文献に。

「ホソイソギンチャクは、近年厚岸《あっけし》周辺では採れなくなった。産地で絶滅した可能性も。」

おい！　もう種自体が〝亡霊〟になってんのかよ……。

しかもしかもしかも、さらに我々を追い詰める事態が。内田亨は、ホソイソギンチャクの産地を「アッケシ・コーヴ」と書いていた。コーヴと聞いて、あの和歌山県の太地《たいじ》で撮影されたイルカ漁の映画を思い浮かべた方もいるかもしれない。そう、これは入り江という意味。つまり、奴の産地は、厚岸の入り江状の地形ということだ。では、ここで北海道の厚岸の地形を見てみましょう（**図7**）。厚岸湾の奥に、厚岸湖が開いている。「厚岸の入り江」……これ、湾と湖、どっちを指してんだよ⁉　当然、当時の記載論文に地図なんかない。

きわめつけは、厚岸湾は転石海岸の海なのに対し、厚岸湖は塩分濃度の薄い汽水の湖で、地形は泥の干潟。これが何を意味するのかって、厚岸湾は候補①がとれた室蘭の環境に近く、厚岸湖は候補②の根室の環境に近いってこと。これでは、あてすらつけられないわけである。

これを迷宮入りといわずして、何を迷宮入りってんだよ。畜生め。

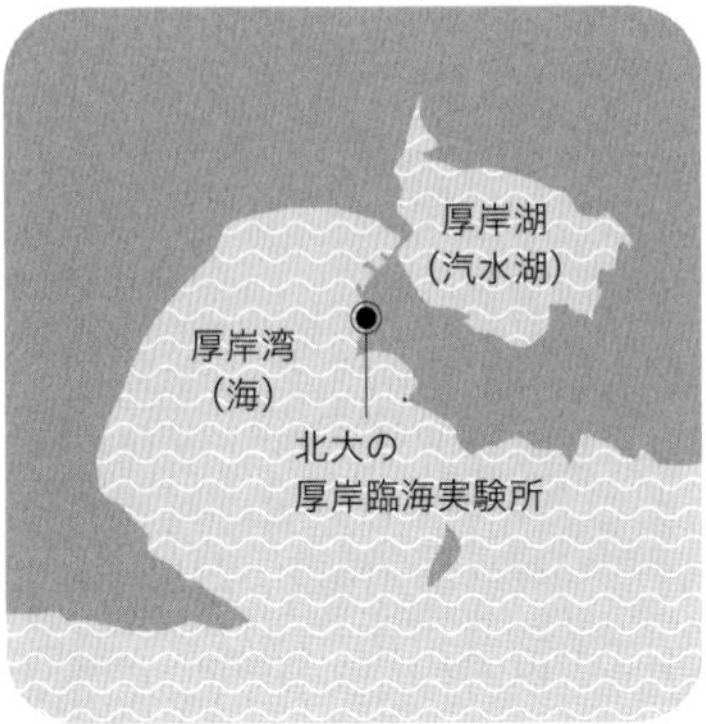

図7　厚岸の地形。厚岸湾と厚岸湖、どっちも相当広いのに、生息地が絞れないとは……。

呑気なオールスターキャスト、旅に出る

ここであきらめていたら、きっと幸せだったたし、この本ができることもなかったた（メタいわ）。そう、俺はこう思ったんだ。「ま、行って調査すれば、亡霊でも見つかるでしょ！」つくづく研究者って、呑気《のんき》だね。

そんなこんなで2015年、9日間の北海道採集旅行が計画される。参加者は、2名。一人目は俺。二人目はイソギンチャクの師匠、柳さん。日本のイソギンチャク分類学者のオールスターキャストで行ったわけだ。柳さんもこの辺、存外呑気なんだよね。

この旅は、前半3日間を室蘭調査、後半6日間を根室・厚岸調査とした。拠点となる宿泊場所は、北海道大学の室蘭臨海実験所と、厚岸臨海実験所。そう、この2か所には、ちゃんと北海道大学の設備があるのよ。さすが、内田亨のいた大学だね。

あ、いまさらだけど、内田亨先生は日本の動物分類学の祖みたいな人で、日本動物分類学会の設立時のメンバーでもあるから、特に刺胞動物学者にとっては神様みたいな人ね。つまり、俺が呼び捨てで呼ぶことなんざ不敬だし、何より悪口言うなんておこがましいにもほどがあるのよ。え？　さっき悪口三昧《ざんまい》だった奴がいたって？　記憶にございませんね。

閑話休題。6月末、北海道に乗り込んだ我々は、室蘭でまず調査を行う。ホソイソギンチャク候補①が採集された電信浜で、なるべく状態のいい候補①の生体を見つけることが第一目標だ。当時15℃の水の冷たさに凍《こご》えながら（なぜか俺は生地厚3ミリのウエットスーツにフードなしだった。アホすぎる)、3時間探したが……結果はボウズ! ただ低体温に苛《さいな》まれ、名物の豚肉を使った室蘭焼き鳥で柳さんと一杯やっただけで、室蘭調査はあっという間に終わってしまった。

ホソイソギンチャクを探せ!

しかし! 俺たちの本命は、厚岸での調査である。ホソイソギンチャクの亡霊を探すのが第一目的、室蘭なんざ、前菜だ前菜。自見ちゃんが採ってくれたホソイソギンチャクがいるから無問題!(室蘭臨海実験所の方ごめんなさい)

北海道横断の高速をひた走り、ときにカーナビにない新道を進んでカーナビちゃんの到着予想時間を大混乱させたりしながら、我々は厚岸にたどり着く。厚岸臨海実験所は、夏でも分厚い霧の中にたたずむ、歴史を感じさせる施設だった(**図8**)。

翌日、本命の厚岸から1時間ほど車を走らせ、我々は根室の温根沼で調査を行った。ここも厚岸湖同様、海水の流れ込む汽水湖であり、海の博物館で標本になっていたホソイソギンチャク候補②が採集された土地。干潮時刻が朝6時半なので、厚岸臨海実験所出発はなんと午前4時台。夏至が過ぎたばかりの北海道だから、これでも明るいんだよね。だから、貝の密漁《みつりょう》と疑われないように、スコップを携《たずさ》えて堂々とホソイソギンチャク掘りだ。気温は夏なのに摂氏6℃。寒いわ！　まあでも実績のある産地なので、鼻水を垂《た》らしつつも、ちゃんと十数個体のホソイソギンチャク候補②を採集することができた！

図8　霧の向こうにぼんやり見えるのが、厚岸臨海実験所である。

しかし、これは前哨戦《ぜんしょうせん》。目的は、厚岸湾と厚岸湖で、ホソイソギンチャクの本物を掘りあてることだ。翌日から、厚岸湾で磯歩きをし、厚岸湖にボートで繰り出し、湖の中央部でシュノーケルでの素潜りをしながら3日間探すも……影も形もない！　あっという間に、残すところ1日になってしまった。これで掘りあてられなければ、この研究は今度こそ迷宮入り。さすがの我々も、焦《あせ》ってくる……わけでもなく、近所のスーパーで198円で買った花咲ガニを肴に厚岸臨海実験所で一杯やりながら、最終日の計画を立てていた。呑気か！

そんなとき、現地の大学院生から、耳寄りな情報が入る。「あそこなら、奴がいるかもしれません！　チカラコタン干潟！」　いかにも北海道らしい名前※のこの干潟は、厚岸湖の南岸の道の突き当りにあるそうだ。厚岸の実習でも使うことがあるらしく、色々とヘンなものが採れるらしい。期待大かも！　だが、水を差す情報も。

「あ、でも気を付けてくださいね！　ヒグマ出ますから！（笑）」

亡霊、ついに見つけたりっ！

ヒグマの情報にビビり、笑い事じゃねーよ、と呪詛を飛ばしつつも、厚岸臨海実験所に完備されたクマ鈴《すず》を腰につけ、我々はチカラコタン干潟へ。その日の干潮時刻は午前9時頃。よって、すこし早く朝7時半ごろ、大きなスコップを担いでチカラコタン干潟へ繰り出したんだけど……

おい！　なんだこの干潟！　底なし沼も同然じゃねえか！

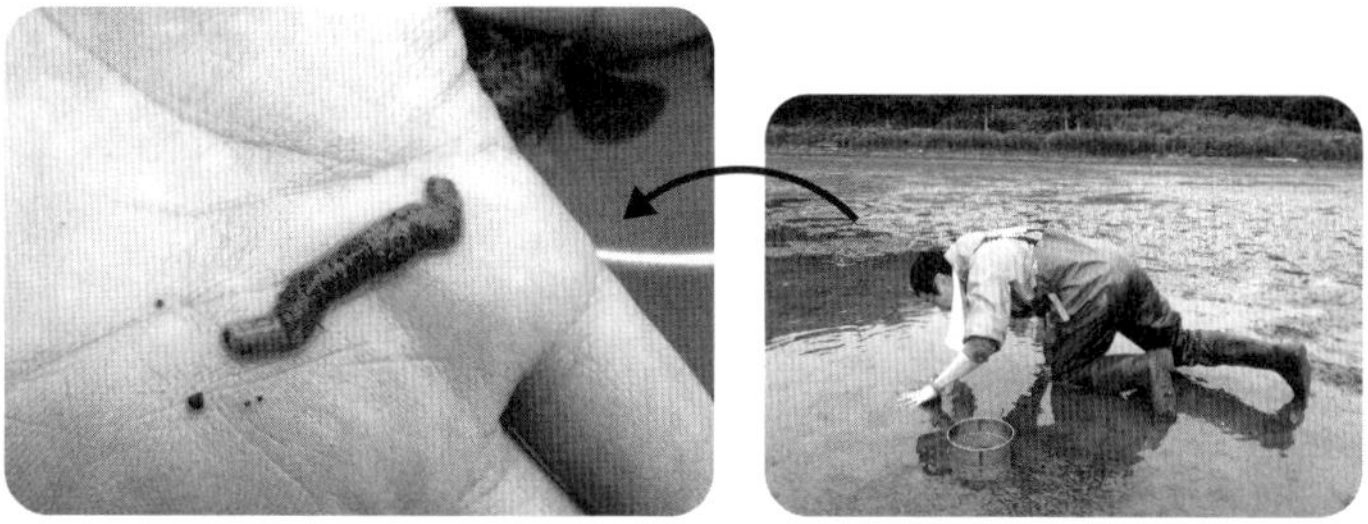

図9　柳さんの泥だらけの手には、きったないイソギンチャクが！　我々には金ピカに見えたけどね（末期）。

胴長を履《は》いているのにもかかわらず、ズッブズブ沈み込んでいく。ムシモドキギンチャクって、底なし沼みたいな干潟にはあまりいないイメージなので、ヒグマ情報も相まってさっそくテンション爆下げよ。

そんな気分屋の俺に対して、柳さんはさすがプロ、ものともせずに掘っていく。ヒグマが怖いので、交代交代で見張りをし、クマ鈴を鳴らしに鳴らしながら、1時間半ぐらい掘ったときだったかな。

「泉さん！　何か採れたよ！　これじゃなーい!?」

長靴《ながぐつ》の泥を飛ばし、たまに底なし沼に足を取られながら、柳さんのもとに駆け寄る。さてその手を見ると……泥に塗《まみ》れた、実に汚い塊が（**図9**）。でも俺の〝神の眼〟にはわかる。間違いねえ、これは、ホソイソギンチャクだ！　そう、絶滅したと思われていた亡霊を、80年越しに、ついに掘り

※アイヌ語で「我輩の作りたる村」みたいな意味らしい。

あてたんだ、歴史的瞬間に立ち会ったぜ！

そこから先はフィーバータイムで、1時間をかけて計12匹のホソイソギンチャクを掘りあてた。空前絶後の大漁であり、最高の成果を上げることができたんだ。厚岸調査、大・大・大成功だよ！

なお、1匹目を掘りあててから、クマ鈴のことは頭からすっ飛んでいた。全然鳴らしてなかった気がする。でも、多分ヒグマも寄ってこなかったでしょ。我々二人、ホソイソギンチャクの発見に狂喜《きょうき》乱舞《らんぶ》して、大騒ぎで掘っていたからね。いま思うと、出てこなくてつくづくよかったよ、ヒグマも警察も（笑）。

どっちがホソイソギンチャクでSHOW・解決編

そんなこんなで、北海道調査は最高の幕引《まくひ》きとなった。ちなみに、ご存じのとおり研究者の中でもとりわけ旅を趣味にしている俺などは、調査外でも景色に温泉にグルメにと、存分に楽しむんだ。採集だけではもったいない、そんな北海道調査のアルバムをここに載せ

図10　我々が北海道調査でいかに遊んで……もとい、苦労したか。ちなみに花咲ガニはスーパーで1匹198円で叩き売られていた。さすが北海道。

ておくので（**図10**）、皆さんもぜひ、目でも楽しんでもらいたい。

え？　遊びに行ったようにしか見えないって？

何も言い返せねえわ。

さてここからは、北海道から帰ったあとのお話。北海道で作ったホソイソギンチャクの標本を分析した結果、俺は以下の結論に達した。

・ホソイソギンチャクという種は、根室・温根沼産の候補②である。

厚岸で採集されたホソイソギンチャクには、ちゃんと触手に縞々模様があった。それはホルマリン保存でもしばらくは消えず、根室（温根沼）産の候補②の形態的特徴に近い。そして、生息地の「アッケシ・コーヴ」はすなわち厚岸湖のことだったので、環境は汽水の泥浜。これは温根沼の環境に近く、両者は近い環境に棲むこととなる。

なお、「海博にあった候補②の標本が、スケッチの形と似ても似つかない寸胴型」という疑問点は、我々が今回温根沼で新たな標本を採ったことで解消された。イソギンチャクはかなり伸縮性があり、標本化したときに形が歪《ゆが》んでしまうことも多々あるんだよね。柔らかい生物はこの点で、専門家でも振り回されるほど、形態的な解釈が難しいのだよ。

・室蘭産の候補①は、以下の理由から、別種と言うことができる。

一方、室蘭から採集された候補①に関しては、触手に縞がないという形態的特徴、生息環境が完全に海であり、かつ石混じりの海底であることから、少なくとも厚岸で採集された本物のホソイソギンチャクとは別種である可能性が高い。形態的に似ていたので、おそらく同属の別種、すなわちきわめて近縁な種となるだろうが、厳密にはＤＮＡで解析する必要がある。

候補①は今後新種になる可能性が高いものの、本書の執筆時点ではまだ標本が一個体しか世界に存在していないので、新たな標本の採集が待たれる。ああ、俺は今回の調査で冷たい海にこりたので、誰か代わりに採ってきてください。

たった一種の解明にここまで時間と労力をかけるか？　たかがイソギンチャクごときに？と思われた方。ある種の正体を探るためなら、10年20年、ときには一生をかける、そういう分類学者の王道《ヘンタイ》をゆく奴の本であることをあらためて理解してくださいね。

80年越しの再記載 ～新種発見と同じぐらい大事な仕事～

ホソイソギンチャクの正体が判明したので、今回の標本を論文化しなくてはならない。読者の皆さまの中には、アレ？　と思われた方もいるのではないかな。だって、ホソイソギンチャクはすでに学名がついている、すなわち「既知種《きちしゅ》」だろう、だから新種記載論文は書けないんじゃないの？　とね。つくづく読者の皆さまは鋭くて、恐縮《きょうしゅく》の極みだよ。

そう、この「既知種の検証」という作業も、新種の発見と両輪を成《な》すぐらい、分類学者には重要な仕事なんだ。たとえば今回のホソイソギンチャクの例だけで、「80年ぶりの発見」「タイプ産地のより詳細な特定」「ほかの産地の情報の追加」「記載文でのより詳しい描写」「写真データの掲載《けいさい》」「刺胞の情報の追加」「DNAの塩基《えんき》配列の情報を新規取得」という、大量の新たな知見を内田亨の論文に追加することになる。

実は、20世紀半ばぐらいまでに書かれた新種記載論文のほとんどは、今回の内田の論文同様、写真も使っていないし、記載論文の情報も不足しているんだよね。ましてや、DNAの情報なんかあるわけがない（そもそも分析技術がなかったのだから）。それを検証し、現代の技術で必要な情報を追加する、この作業を「再記載《さいきさい》」と呼ぶんだ。新種記載より成果としては地味だけど、本当に大事な、俺たちのライフワークなんだよな。

そんなわけで、泉と柳さん、あと指導教員のおっちゃんをふくめた3人で、ホソイソギンチャクの再記載の論文を書くことにした。内田亨の論文にある産地や記載情報の検証を行い、新たな情報を山ほど追加して再記載論文を投稿した。論文が受理されたのは２０１８年、北海道調査から3年弱の月日が経過していた。ちなみに雑誌は、『Species Diversity』という、日本動物分類学会が出版する雑誌。かの内田亨先生の興《おこ》した学会の雑誌に、あえてこの検証を載せてみたんだよね。

先人の論文を検証し、その誤りを正《ただ》すことは、失礼なことでもなんでもない。科学技術は日進月歩で向上し、知見は時々刻々と変化する。現代の知見で誤りを訂正《ていせい》することこそ、先達《せんだつ》への何よりもの挨拶《あいさつ》なんだ。考えてみれば、後世が忘れ去ることなく、自分の論文を俎上《そじょう》に載せてくれるなんて、学者として光栄じゃないか。

ムシモドキギンチャク、発見に次ぐ発見

かくして、ホソイソギンチャクの仕事にけりをつけた俺だが、修士の2年間で、ほかにも多数の発見をしていた。しかし、ホソイソギンチャクだけでこの分量になったので、ほかの種のドラマを挙げ連ねると、この本を分冊化しなければならない。だから代わりに、ざっくりと修士時代の思い出のサンプリングをいくつか紹介するわ。

・天草諸島調査——目あての種を掘りあてろ

天草をほっつき歩いていた自見の奴から、すさまじい標本が届いた。まるでトウモロコシのごとく、体壁に大きな刺胞の塊が並ぶ、異形《いぎょう》のムシモドキだ。これだけでも未記載種濃厚だが、ちょっとだけ状態が悪いから、生きているときの様子を見たい！　ということで、後輩と2人で行った天草のサンプリング調査。自見から産地を聞き、そのポイントで

砂を掘ること2日。やっと3匹、目的のムシモドキを掘りあてた！　生きているときはすさまじい形態をしていて、刺胞の大きさも驚くほどだった。ムラサキウニに膝を突き刺されて、数日曲がらなくなりつつも、十分な成果を達成できた！（イソギンチャク図鑑❻参照）

・小笠原調査——船のスケジュールに振り回される調査

小笠原諸島《おがさわら》は、東京から25時間半（当時）の船旅を経てようやくたどり着ける、絶海の孤島。当然、非常に珍しいイソギンチャクが生息しており、ダイビングや船による底引き調査でムシモドキギンチャク類の未記載種をはじめとした珍しい種が、多数採集された。しかし、この調査の難しい点は、いつ切り上げるかが「おがさわら丸」の運行スケジュール次第であるというところ。帰りの船が数日早く出る、というだけで急遽《きゅうきょ》荷物をまとめて引き揚げなければならない。台風が来るというので、調査すらせずにわずか2日で撤収したこともあった。

・宮古島・与那国島調査——熱中症との闘い

宮古島《みやこじま》で、日本で一切採れたことがない属のムシモドキギンチャク類の記録（疑惑）があった。その報告書を見た瞬間、俺の宮古島調査（ついでに与那国島《よなぐにじま》調査）が確定した。宮古島の与那覇《よなは》湾の湾口付近で採集されたというが、バスは湾の手前までしかない。そう、湾口まで干潟を往復8キロ！　しかも徒歩でである。大量の水分を取り、途中で何匹もムシモドキギンチャク類を掘りあてながら、湾口までなんとかたどり着き、1時間ほどサンプリングしてみたが、とうとうその種にはたどりつけなかった。やはり幻《まぼろし》なのかな……。

与那国島の方は、島自体が狭いうえに原付を飛ばせたので、採集ポイントまでは楽だった。だが、やっぱり死ぬほど暑いので、水分を山ほど消費した。その甲斐あって、おそらく世界で誰も掘りあてていないムシモドキギンチャク類をゲット！

・奄美大島・喜界島調査——皆でシガテラ中毒でぶっ倒れた椿事

奄美《あまみ》大島《おおしま》と喜界島《きかいじま》で、柳さんをふくめたチームで調査したことがあった。メインの乗り合い船のダイビングの方は、あいにくムシモドキギンチャク類とは無縁だったものの、それでも浜での調査では、ムシモドキギンチャク科のイソギンチャクを入手できた。

しかし、この調査が思い出深いのはまったく別の理由。喜界島のとある場所で我々は、ハタの刺身と煮つけを夕飯にいただいた。しかし、その翌日から、一人、また一人と体調不良で倒れていく。そう、ゆうべの魚（おそらく、バラハタ）による、シガテラ中毒だ。あの超有名な、南方特有の魚毒《ぎょどく》である。幸い命に別状はなかったため、みんなで死にそうになりながら帰郷した。ある意味、絶対に忘れられない伝説の調査になっちまった……。

それ以外にも、修士の間には北は北海道から南は小笠原、果ては沖縄の与那国島まで、めっちゃいろんな場所への採集を計画し、実行した（**図11**）。いろんなところに行っては、珍しい種類をひたすら狙った。あの頃はマジで楽しかったなあ。全部がいい思い出だよ（シガテラ以外は）。

章末のイソギンチャク図鑑では、俺が修士のときに発見した面白いイソギンチャクを、いくつか紹介しておいた（イソギンチャク図鑑❼❽を見てね）。

分類群の「帝王」となれ！

気づけば、ムシモドキギンチャク科（および、コンボウイソギンチャク科などの砂に潜るご近所さん）をひたすら処理しているだけで、修士課程の2年間はあっという間に終わ

図11　修士課程のあいだにイソギンチャクを採集しに行った土地。2年間で、下手な人間の一生分ぐらい移動してねえか……？

ってしまった。いわゆる分子系統解析も多少やったけど、まだまだこれからの研究の準備段階って感じ。やはり、メインは日本のムシモドキギンチャク類の多様性を、分類学的に明らかにすることであった。

だが、歴史上すべて合わせて日本で10種しか見つかっていなかったムシモドキギンチャク科を、俺が2年間調べただけで、新たに20種近く見つけることができた。控えめに言って偉業といえるだろう。そして先ほどのホソイソギンチャクの検証も合わせて、かなりボリューミーな修士論文を提出することができた。

いや実はね、別にこれ、特段すごいわけじゃないんだよ。むしろ、いかにいままでイソギンチャクを徹底的《てってい》に調べる人がいなかったか、その恥ずかしい現実をさらしただけなんだよな。一部の人気のある生物※を除いて、ほとんどの分類群は、そのグループのことがわかる人間が、日本にいるかどうかすらあやしい。これが現状だ。「日本の生物多様性を守れ！」なんて言われるけど、それを理解できる生物学者が十分にいてこそでしょ。明らかにこの国は、研究者の養成が足りねえよ。

ま、ネガティブなことばかり言ってきたけど、本章で泉が成し遂げたことこそまさに、学者の本領発揮ともいえる。特定の分類群に特化すれば、たかが修士課程のひよっこの研究でも、これだけのスゴい成果を上げられるんだ。ムシモドキギンチャク科限定だけど、2

年間ですでに、俺は日本の第一人者にまで駆け上がったからね。

若手、あるいは未来の分類学者には、ぜひこうあってほしい。すなわち、自分の専門とする分類群において、〝帝王《ていおう》〟として八面六臂《はちめんろっぴ》の活躍をしてほしいんだ。俺はいまはほかのイソギンチャクやクラゲもやっているけど、いまでもムシモドキギンチャクに関しては、誰よりも詳しい自信があるし、〝やるなら俺に断ってこい〟って感じのプライドがあるからね。

どの分野でも、絶対に埋もれている真実が山ほどある。それら埋もれていたものを、白日《はくじつ》のもとにさらす。これぞまさに研究者の生きざま、面目躍如《めんもくやくじょ》ってわけだ。

……そりゃそうだ、我が愛《いと》しのムシモドキギンチャクは、砂泥に埋もれてるんだもん（誰が上手いこと言えと）。

※一部の人気のある生物＝チョウなどの虫、および貝類などが該当。これらはプロの研究者に加えて大量のアマチュアのマニアがおり、死ぬほど情報が溢れている。ま、この手の動物はしばしば取り合いでケンカになるので、正直関わりたくもないんだけどな。

イソギンチャク
図鑑
4

アンテナイソギンチャク

Antennapeachia setouchi sp. nov.

尋常イソギンチャク亜目・コンボウイソギンチャク科

瀬戸内海の内湾に棲む、長さ2、3センチの小さなイソギンチャク。一番の特徴は、口の近くに生える、上方向にぴょこんと伸びる一対《いっつい》の触手。電波のアンテナ、もしくは昆虫の触角（これも英語でアンテナと言う）に見えるため、この名前がついた。
生態も非常に面白くて、夕刻になると砂から出てきて風船のように膨《ふく》らみ、数倍の大きさになる。この状態で、水の流れにあおられて水槽の底をコロコロと転がる様子が見られた。足盤を持たないゆえの、生得的な移動法だと考えられる。
わりと地味なイソギンチャクではあるが、最初に発見し、命名した記念すべき種である。最初の論文はどんな研究者でも感慨深いものだ。ま、新属新種だから、客観的に見ても初っ端からメチャクチャビッグな仕事だったんだけどね。

イソギンチャク
図鑑
5

ホソイソギンチャク

Metedwardsia akkeshi

尋常イソギンチャク亜目・分類未確定

イソギンチャクでも最もいい加減なネーミングの種。「細いからホソイソギンチャクだぁ！」って小学生がつけたんじゃないか？　と思うほどだが、あの内田亨先生の命名であるらしい。
北海道の厚岸湖の干潟に産し、ほかにも温根沼などの汽水域《きすいいき》で見つかっている。柔らかい泥の浜に体をうずめ、触手のみを出して生息する。よく見ると、泥の上に放射状の触手の跡がリップマークとして残っていることもあり、干潮時に本種を見つけるヒントとなる。
本章で盛大に扱ったこの種、ムシモドキギンチャク科に属すると書いたが、なんとなんと、ムシモドキギンチャク科ではなかったことが、最近筆者らの手によって確かめられている。その論文が出るまで、もうすこしお待ちくださいませ。

イソギンチャク
図鑑
6

ギョライムシモドキギンチャク

Edwardsia alternobomen sp. nov.

変型イソギンチャク亜目・ムシモドキギンチャク科

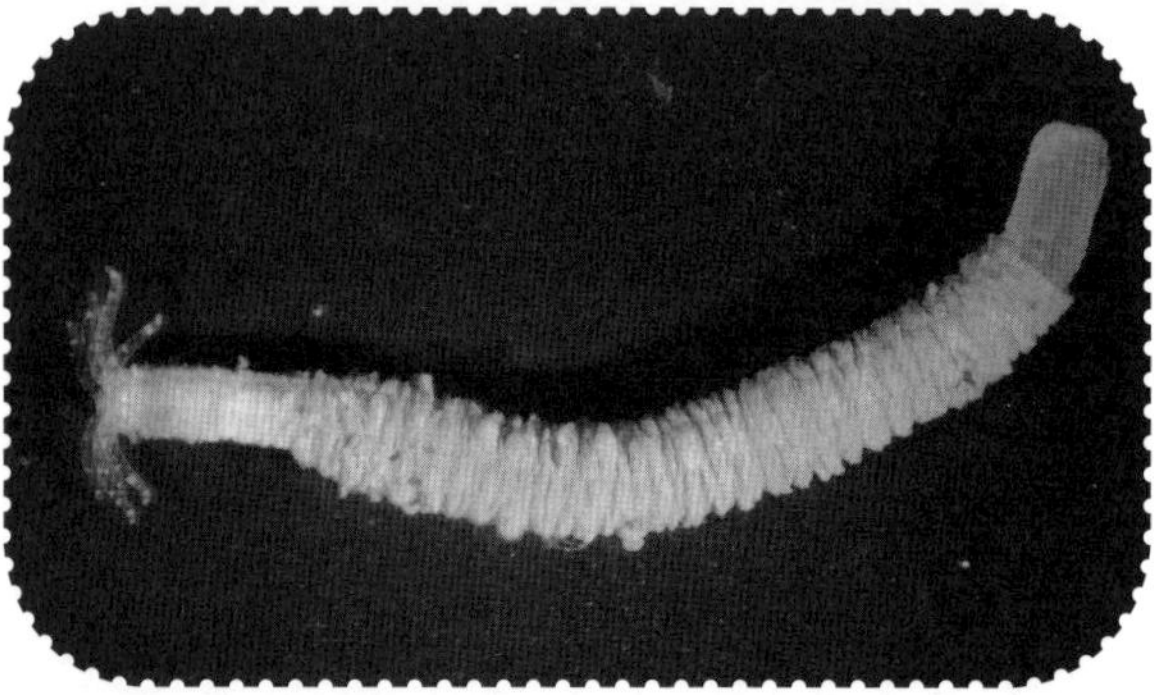

天草諸島から採れた標本で、泉が新種記載したムシモドキギンチャク科の種の一つ。 ムシモドキギンチャク科の特徴として、体壁に刺胞をたくさん詰めたポケット状の構造（刺胞弾《しほうだん》）があることが挙げられるが、このイソギンチャクは「刺胞弾が本体じゃないか？」と思えるほどでかい。そして、その中には、超馬鹿でかい刺胞がふくまれており、泉の観察で出てきた最大のサイズはなんと200マイクロメートル超え※！　イソギンチャクの歴代最大サイズを更新してしまった。この巨大な刺胞を装填《そうてん》する様子を海軍の魚雷に見立て、この名前をつけた。
天草諸島で自見が採った標本に1個体紛れ込んでおり、自分で行った調査では状態のいい標本を3個体採集することができた。

※刺胞の普通の大きさは、10 ～ 30 マイクロメートルほど。50 マイクロメートルを超えれば「でかい！」というレベルで、100 マイクロを超えることすらめったにない。その中で 200 超えは“化け物”である。ここまででかいと、ギリギリ肉眼で見えるんだよね。何がすごいかって、刺胞は一つの細胞なのだ。細胞が肉眼で見える例なんか、ほかにほとんどないよ。こんな世界記録級の細胞をイソギンチャクが持っているの､すごいだろ？

イソギンチャク図鑑 7

スガシマガレバアシナシムシモドキ

Scolanthus isei sp. nov.

変型イソギンチャク亜目・ムシモドキギンチャク科

舌を噛みそうなこの名前を分解すると、「菅島《すがしま》＋ガレ場＋足なし＋ムシモドキ」である。菅島は産地で、伊勢先生の勤めていた名古屋大学の菅島臨海実験所。ガレ場は、岩がゴロゴロした浜のこと。アシナシムシモドキ類は、ムシモドキギンチャク科の一族であり、普通のムシモドキギンチャクが持つ砂に潜るための「あし」のような構造がないことから名付けられた。名前の由来を語るだけでこんなに長くなるって（汗）
この種は伊勢さんが菅島の岩場で見つけ、俺が標本化して調べたら、アシナシムシモドキ属の未記載種だった。体表に毛のような構造が生えていたり、岩にくっついて生活していたりと、その生態はほかの種とは一線を画す。もちろん、学名の *isei* は伊勢の大将に献名《けんめい》したものだ。

イソギンチャク
図鑑
8

チビナス
イソギンチャク

Anemonactis minuta

尋常イソギンチャク亜目・コンボウイソギンチャク科

東京湾を挟んで神奈川県の三崎と、千葉県の館山から採集されている、かわいい名前のイソギンチャク。体長はせいぜい2センチくらいで、真っ白な体壁《たいへき》から真っ赤な触手が16本放射状に生えている。のちに小笠原で採集されたサンプルは、ちょっと体壁がオレンジがかっているが、形態に大きな差はない。
この種は、俺が新種記載したものではなく、ワシリエフという外国人（詳しくは図鑑❾参照）が20世紀初頭に記載している種だ。ただその後、イマイチ種の実態が捉えにくくなっていたので、俺らが新しい標本を用いて再記載した。ホソイソギンチャクと同じパターンだね。

COLUMN 2

「どこの助教かと思ったよ」
～研究者と落語研究会《オチケン》～

東大で究めたのは、なぜか笑いだった

突然だが、俺は人前での発表が嫌いだ。……おそらく読者の皆さん、総出で「嘘つけ！」と思っただろう。こんな自己顕示欲《けんじ》の強い奴が、発表が嫌いなわけないだろう！　いや、本当に嫌いなんだって。いまでも人前に出るたび、緊張《きんちょう》してしかたがねえんだよ。できればやりたくない。たまに、発表しているときの記憶がないんだもん、マジで。ただ、皆さんお察しのとおり、俺は人前での発表が大の得意でもある。それはひとえに、東大、そして大学院の時代に計7年間も在籍した、東京大学落語研究会（以下、落研《オチケン》）の活動のたまものであろうな。このコラムでは、そんな話をしよう。

前書きに書いたような子供の頃から、狂ったほど落語が好きだった。当時は100均に古今亭志ん生《ここんていしんしょう》・三遊亭圓生《さんゆうていえんしょう》のような、昭和の大名人クラスのCDが売ってて、それを買ってつねに聞いていたらしい。なけなしの小遣い叩《はた》いてダイソーで志ん生のCD買った小学生、俺ぐらいじゃないの？　ちなみに、ほどなくそのシリーズは廃盤《はいばん》になりました。きっとコアすぎて売れなかったんだろう。

そんな風にして、音楽プレーヤーには落語しか入っていないような狂人が東大に入ったとき、新歓のビラで東大落研を目にする。「よし、入ろう」。即決で入部した。俺は落研というのは、名人の落語を聞きに行ったり、落語について文字どおり「研究する」のがメインだと思っていたからだ。しかし、それは大きな誤りだった。当時の東大落研のメインの活動は、落語会やお笑いライブなどの「演《や》る」方だったのだ。

一瞬戸惑うも、そこは楽天的な俺。せっかくだから、大好きな落語を演ってみるか！　しかしそれはすなわち、緊張する人前に自分の身をさらけだすことだったんだよね（あたり前だ、アホ）。そんな感じで、成り行きで落語を披露《ひろう》するようになった俺だけど、だんだん演じる方にものめりこんでいく。特に、古典落語を自分で研究・改作し、ブラックジョークや時事ネタを加えてウケたときのドーパミン※たるや！

いつしか漫才・コント・大喜利も始め、落研のライブステージを7年間も彩《いろど》ってしまった。

学会発表だって〝落語〟なのだ！

そんな俺が落研5年目、すなわち修士1年の初夏のこと。初の動物分類学会で、さっそく登壇《とうだん》して発表することになった。テーマは例のテンプライソギンチャクである。でもさ、皆さん、初の学会発表なんて、緊張しない方がおかしいじゃない？　だって目の前にいるのは、修士のひよっこから見れば〝怪獣〟のような、学者の大先生たちなんだよ？　これ、まともにしゃべれるんだろうか……。しかし、登壇すると、俺は不思議と流暢《りゅうちょう》にしゃべった感覚を得た。なんか、落語を披露しているときと変わらない感覚。気づけば、質疑応答も無難に済ませ、最初の発表はあっという間に終わってしまったんだよね。

※ドーパミン：脳で分泌《ぶんぴつ》される、いわゆる神経伝達物質の一つ。快感を司るので、テンションが上がった状態を慣用的に「ドーパミンが出る」なんて言う。ただ、生物学におけるドーパミンの役割はそれにとどまらないので、生物学者がこんなテキトーな使い方をしていいのかは知らない。

まあでも、相変わらず記憶なくすほど緊張してたし、出来は散々だろうな、と思っていた。そのとき、参加していた伊勢先生が、こっそり俺に話しかける（あ、ここだけの話、伊勢さんは学者の大先生たちが苦手で、学会ではたいてい借りてきた猫のようにしているんだけどね）。

「さっき、○○先生が褒めてたよ。『どこの助教かと思ったよ』だってさ」

俺を茶化《ちゃか》したようにも見えるけど、こんな褒め言葉、ほかにないぞ？　だって、助教って、「大学の先生にも見える」ってことじゃない？　老け顔や貫禄の面を考慮する必要はあれど、発表の出来が良くなければ、絶対言われることはなかっただろうよ。いやあ、落研の面目躍如だな。学生時代に取り組んだことは、何事も無駄にはならないと証明された瞬間だった。

よく考えれば、学会の発表や講演会と、落語研究会での経験って、不思議なほど相性がいいんだよね。落語で学んだ緩急《かんきゅう》や〝間《ま》〟は、ただぼそぼそしゃべるような単調な発表になることを避けられるし、何より不意にぶっこむギャグが聴衆《ちょうしゅう》にウケる（なお7割方はスベる）だけでなく、発表自体を聴衆の印象に残してくれるんだ。学者は印象に残ってこそナンボ、印象に残らねえ学会発表だったらやらない方がいい。東大落研を引退してからも、俺の研究者人生を支えてくれたものの一つは、落研での研鑽《けんさん》だったんじゃないかな。

おかげさまで、プロの研究者になった現在、学会発表も講演会もそつなくこなしている。自慢じゃないが、ひとたび俺が舞台に上がれば、聴衆の印象をかっさらっちまうもん。自分のあとに登壇した東大の名誉教授に「彼のあとは、すごくやりにくいです」なんて言わせちまうの、俺ぐらいじゃない？　読者の皆さん、どこかで俺の〝噺《はなし》〟を、ぜひ聞きに来てよ！

……ただ、その副作用として、しばしばこうも言われちまうんだけどな。

「泉さん、何しゃべらせても落語に聞こえるね（笑）」

おあとがよろしいようで。

第3章 最高のパートナー、その名は水族館

亜熱帯の沖縄にそびえる、
日本最大の水族館。
バックヤードに案内され、
ただただテンションの上がる
水族館の限界ヲタクこと、泉。
しかし、そこには
怪物が潜んでいた！　水族館発の
イソギンチャクによって、
運命の歯車が、回り始めた……。

新種
チュラウミカワリギンチャク
Synactinernus churaumi sp. nov.

水族館の〝限界ヲタク〟、業界人になる

突然だが、皆さんは水族館が好きかな？

泉は大好き、なんて言葉じゃ語りきれない水族館狂人である。なにせ、子供の頃から海洋生物が異様なほど好きだった。水族館に連れて行ってもらえば、お気に入りの水槽の前で何十分と居座り、お気に入りのカメラで魚や無脊椎動物の写真を撮りまくる。そしてその写真を眺めながら、生物の分類や生態の知識を増やしてきた。中学生になったとき、『決定版!! 全国水族館ガイド』という禁断の本と出会ってしまい、海洋生物好きもさらに高じて、全国の水族館巡りを始めた。青春18きっぷというフリー切符《きっぷ》、通称〝貧乏旅の味方〟を駆使して、中学・高校の間に北は北海道、南は鹿児島の水族館まで回ってきた。いま考えれば、鉄道系YouTuberとかも顔負けの、行動力の化け物だな。

大学生、次いで大学院生になってもその情熱は衰《おとろ》えず、それどころか2021年には、年に50日も日本列島を旅して、あらゆる水族館をめぐる始末。結果、執筆現在の水族館の訪問数は153館。おそらく1億2500万の日本人の中でも、トップ100には余裕で入るだろう。

訪問館数を伸ばすだけでなく、訪問すれば隅《すみ》から隅まで写真を撮り、あとでそれを眺めて楽しむ。そして、わからない種類は必ず調べ、自分の知識としてきた。俺の生物学者としての下地には間違いなく、この水族館巡礼があったと言っていい。

そして、俺自身の生物学の研究を通して、いまでは水族館業界の知り合いも多い。水族館の〝限界ヲタク〟は、いつしか生物学者というかたちで、水族館の業界人にもなってしまったのである！　いずれ水族館を扱った本も書いてみたいところだ。と、これ以上はセールスになってしまうので、話を戻そう。

博士課程の高いハードル

ホソイソギンチャクの研究などをこなし、2016年3月に修士号を取得した泉。「研究者以外の職は向いていない」と親になかばあきらめ気味の太鼓判《たいこばん》を押される俺だったので迷うことなく、博士課程へ進学した。ほかのラボへの転属もすこし考えたが、やはり東大パワー、そして国立科学博物館の魅力には抗《あらが》いがたかったので、修士時代のラボのまま持ち上がりで博士課程に。のちにこれを死ぬほど後悔する出来事もあった（詳しくは章末のコラムで）。

博士課程の研究は、修士課程のときよりテーマを広げなければならない。というのも、博士課程の修了には、一般的に以下のような厳しい条件が課されるからだ。

・原著論文が1〜3本

これまで示したとおり、論文は1本出すのだってとんでもなく大変なのに、慣れない学生がこれを何本も出さなければならない時点で、すさまじいハードルなんだ（論文の数は大学や分野によって変わり、これが条件でないところもある）。

・博士論文の提出と、査読者の先生による審査

Doctoral Dissertationと呼ばれる博士論文、通称〝D論〟というのは、具体的に言えば「学生時代の研究の集大成」。前述の原著論文だけでなく、未完成の研究、未発表のデータもふくめて、膨大な量のまとめをしなければならない。しかももちろん、全部英語で、だ。

・発表会における研究内容の発表&本気の質疑応答

そして天王山は、予備審査会《しんさかい》・本審査会と呼ばれる、2回の審査。これは学会とかと違い、20～30分もしゃべらなければならない。講演会かよ！

そして何より恐ろしいのは質疑応答。コラム②でも書いたとおり、学生にとっては〝怪獣〟のような先生たちが、学会とは比較にならないほどの〝悪意〟を向けて来る。これを全部いなし、捌《さば》き、ときに論破しなければならない。

ゆえに、博士課程の研究テーマ選びは、生易しいものじゃない。指導教員のおっちゃんと相談したところ、修士時代のムシモドキギンチャク科だけを扱うのでは、東大の博士審査に適《かな》う研究成果は得られないだろう、との見立て。しかし、当時標本を所持していたほかのグループのイソギンチャクに対象を広げても、体系的な研究成果を得られるとは思えない。こりゃ参ったな、手詰まりじゃねえか……。

救いの神、カワリギンチャク類

悩んだ結果、俺はとある論文を思い出す。2014年にアメリカ人らのグループが出していたDNAを用いた研究結果。それは……「ムシモドキギンチャク科が、とある〝変な〟上科《じょうか》と近縁《きんえん》※であるる」「ムシモドキギンチャク科と、その〝変な〟グループを合わせて、ほかと独立した一つの亜目《あもく》『変型イソギンチャク亜目』とする」という、イソギンチャク分類の根幹を揺るがすような、大胆《だいたん》な提唱だった。

多分これだけでわかる方はいないと思うので、もうすこしだけ説明しよう。イソギンチャクは分類でいうと「目」にあたり、その下にムシモドキギンチャクなどの「科」があるという話は第1章で述べたよね。ちょっと難しい話になるんだけど、その目と科の間に、「亜目」と「上科」という段階（グループ）があるんだ。言いかえれば、目の下に亜目、その下に上科、さらにその下に科があるということね。今回の件で言えば、次のような感じだ。難しければ、「ムシモドキギンチャクって、ずいぶん〝変なイソギンチャク〟の仲間にされちゃったんだねぇ」ぐらいの理解でさしあたりOKだ。

目	亜目	上科	科
イソギンチャク	大多数の種が属する亜目	ほかのすべてのイソギンチャクたち	
	変型イソギンチャク亜目	ムシモドキギンチャク上科	ムシモドキギンチャク科
		ヤツバカワリギンチャク上科	**変なイソギンチャクたち（2科）**

さて、さっきから述べている〝変なイソギンチャクたち〟というのは、「カワリギンチャク類」と称されるグループだ。正確な用語でいえば、「ヤツバカワリギンチャク上科」に属する「カワリギンチャク科」「ヤツバカワリギンチャク科」の2科に分類されるイソギンチャクたちである。このイソギンチャクたち、外見からして異様だったムシモドキギンチャ

※近縁とは、「進化において、最も近いグループ」という意味。我々人間、正確にはヒト（ホモ・サピエンス）だったら、近縁種は絶滅種でいえばネアンデルタール人（ホモ・ネアンデルターレンシス）であり、現存している種でいえばチンパンジーがそうである。親戚である、または仲間であるという表現が、皆さまには一番イメージしやすいだろうか。

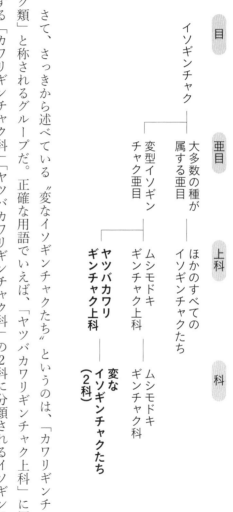

ク類と違い、見た目〝だけ〞は普通のイソギンチャクである（**図1**）。しかし、輪切りにしたときに放射状に走る隔膜《かくまく》の配列（第1章参照）はかなり変わっていて、断面を見れば〝専門家であれば〞一瞬で見分けがつく。これが、「カワリギンチャク類」の名前の由来なのだ。しかし、配列が変わっているといっても、それはあくまでカワリギンチャク類の特有のもの。というのも、隔膜自体が非常に少ないムシモドキギンチャク類とは、似ても似つかぬ形なのだ。だからこそ、この2科が最も近縁だというアメリカグループの研究結果は、当時驚きをもって受け入れられた。

図1　カワリギンチャクの代表種、オオカワリギンチャク。人もイソギンチャクも、見た目に騙されてはいけない。

しかし、その論文ではＤＮＡの解析の結果を述べただけで、その進化の内実はまったく語られていなかった。つまり、これを突き詰めれば、世界で初めて、イソギンチャク類の進化の道筋まで、俺一人で示せるんじゃねえの……？

こうして、時期にして２０１６年の秋ごろ、俺の運命を左右する博士課程のテーマが、満を持して動き始めたのである。

〝地の利〟を生かした研究

さて、そのカワリギンチャク類だが、当時の俺の知識は……『イソギンチャクガイドブック』の表紙を飾っているきれいないそぎんちゃく！」程度だった。素人か！　とツッコまれるかもしれないが、実際、自分のやっていない分類群の生物なんて、素人に毛が生えた程度しか知らないのよ、研究者って。だから、カワリギンチャク類が手元に集められるのかどうかすら把握できていないまま研究テーマを定めたフシがある。これでカワリギンチャク類の採集に外国への遠征が必須、とかなったらやべえなあ。

そこで、イソギンチャクの師匠である柳さんに相談してみたところ、

「カワリギンチャク類なら、日本でいっぱい採れますよ♪」

とのこと。のちのち勉強していくうちにわかったのだが、カワリギンチャク類は全世界的にたった20種ほどしか知られていないにもかかわらず、そのうち7種もの種が日本の近海に棲息するそうだ。しかも、日本にしかいない属があったり、分類的に検証の余地のある種がいたりと、〝程よく〟課題の残った面白いグループだったのだ！

この、「〝程よく〟課題が残る」というのが素晴らしくて、「研究し尽くされ、ろくな課題が残っていない」ようなグループなら博士課程のテーマになりえないし、逆に「プロの研究者が何十年とかかりそう」という分類群なら、一介《いっかい》の学生の博士課程のテーマには重すぎる。「独力で数年で解決できそうなテーマ」というのが大学院の修行には一番いい塩梅《あんばい》であり、これを見つけられるかどうかで博士課程の運命の半分が決まるといっても過言ではない。

兎にも角にも、標本採集が生命線になる分類学研究において、〝地の利〟があるのは何よりもの強み。なんともあっさり、良いテーマが見つかったんだよね。俺って、つくづく悪運だけは強いの！

標本の大切さ ～分類学者の腕の見せどころ～

さて、カワリギンチャク研究の話に入る前に、「標本」の話をしたい。タイプ標本の話を筆頭に、ここまで散々標本の話をしてきていたのに、「標本って何？」という話とか、イソギンチャクの標本の作り方の話はしていなかった。僕としたことが！（杉下右京《すぎしたうきょう》？）

標本ってのは、端的にいえば「生きているときの姿を保ったまま、極力きれいに殺した死骸」のこと。

え？　サイコパスっぽい？

まあ、その気持ちはわかる。だが、この「姿を極力きれいに保つ」ことによって、その生物の姿を、何百年後に生きる我々やその子孫がイメージできる。それはすなわち、写真データ等が仮に失われても、後世が〃その種のなんたるか〃を知れる財産なのだ。であれば標本とは、有名無名問わず、これまで地球上に存在した分類学者たちから後世に贈られた、死ぬほど貴重なギフトのようなものといえよう。そう考えると、この単なる死骸も愛おしく見えてこない？

ただし、この標本の作成、そして分析の難しさこそ、イソギンチャクの研究を死ぬほど遅らせてる〃戦犯〃なんだわ。標本といっても、その形の残りやすさは千差万別。基本的にきれいに残りやすいのは体の硬《かた》い奴ら（例：カニ・ウニ・貝・サンゴ等）。逆に、柔らかければ柔らかいほど、死んだ瞬間の形を維持するのは難しくなる。そう、クラゲやイソギンチャクの観察で最も苦労するのは、標本をもとに生きていたときの姿を再現することなんだ。だって、その姿をきれいに固定するのが無理ゲーなんだから。ま、俺はなんとか頑張って標本化するけどね。
イソギンチャクは、具体的には次のように標本化される（**図2**）。

①十分に触手を出した生体に、麻酔をかける

イソギンチャクは驚くと、その触手を引っ込めてしまう。しかし、触手を出していない標本は、正直使い物にならない。イソギンチャクの分類において触手はメチャクチャ大事な部分だからだ。よって、元気に触手を伸ばしている姿のときに、麻酔をかけてしまうんだ。具体的には、マグネシウムイオンで麻酔がかかるので、塩化マグネシウムもしくは硫《りゅう》酸《さん》マグネシウムの液体を使う。元気なイソギンチャクのいる海水に、少ーしずつ海水と同じ濃度の麻酔液をポタポタと滴下《てきか》する。様子を見て、滴下の量を調整していく。これを、触手や口元をつついても引っ込まなくなるまで続ける。数時間で済むこともあれば、一昼夜ぐらいかかることもある。もちろん、引っ込んだら海水に戻して、最初からやり直し……。

②一部を切除し、アルコールで固定する

完全に固まったら、一部の組織を切除する。触手の1、2本であることが多いが、体自体の断面を切り出すこともある。その組織を、99％以上の非常に高濃度のアルコール（エ

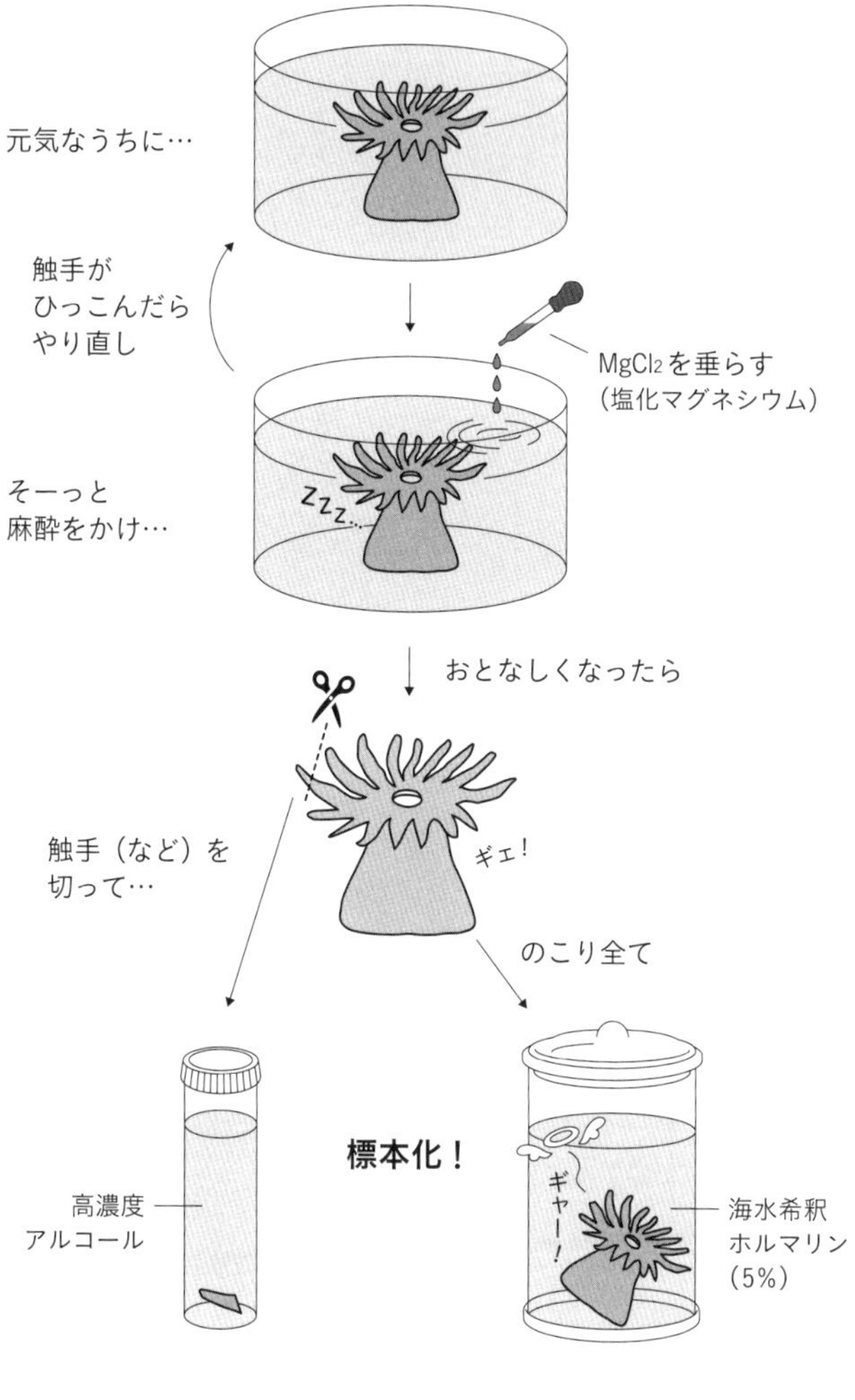
元気なうちに…
触手が
ひっこんだら
やり直し
MgCl2を垂らす
（塩化マグネシウム）
そーっと
麻酔をかけ…
Zzz
おとなしくなったら
触手（など）を
切って…
ギェ！
のこり全て
標本化！
高濃度
アルコール
ギャー！
海水希釈
ホルマリン
（5%）

図2　イソギンチャクの標本化作業。これで1日潰れるのが、俺がなかなか論文を出せない理由（予防線）。

タノール）で固定し、標本化する。

　このアルコールで固定した組織は、ＤＮＡの解析に用いる。本体同様のホルマリンで固定するともれなくＤＮＡがぶっ壊れるため、このあと説明する本体の標本化とは別に、このアルコール固定した体の欠片が必須なんだ。

③切除した残りを、ホルマリンで固定する

　一部組織の切り出しが終わったらその残りを、濃度5〜10％ほどのホルマリンで固定する。この濃度になるように海水で溶かしたホルマリン溶液を用意するのが王道だが、麻酔をかけた容器をそのまま使えるなら、そこに濃度相当の原液のホルマリンを注いでもよい。あ、いまさらだけどホルマリンは濃度37％のホルムアルデヒド水溶液だ。ほら、あのシックハウス症候群《しょうこうぐん》の原因になる悪名高い奴である。当然、水溶液たるホルマリンも劇物なので、扱いには注意な。

　なぜ、本体はホルマリンなの？　イソギンチャク全体にアルコールを使えばいいじゃん？と鋭い読者さんは思われるだろうが、アルコールは組織の水分を奪《うば》ってしまうので、イソギンチャクのような水分の多い生物を漬《つ》けると組織が干物みたいになって、ろくな標本にならないのだ。あと、貧乏研究者にはアルコールは高い。

こんな感じで、イソギンチャク一匹標本化するだけでものすごい手間なのよ。アルコールにボチャン、で標本化が完了する生物がうらやましい。まあ、そうは言いつつも、イソギンチャクの固定は学者の腕の見せどころってことだよね。

博物館で、未記載種が見つかる！

カワリギンチャク研究において、日本は地の利があると言ったね。これには、二つの意味がある。

一つは当然、柳さんの言うように「日本の海からたくさん採れるから、標本化して研究できる機会が多い」という意味。

もう一つは、「日本の海からたくさん採れたから、標本化されたものを研究できる機会が多い」という意味。

え？　同じことを2回言うなって？　よく見てみなさいな。似ているようで全然違うぜ？

そう、後者を言いかえるなら、「カワリギンチャクがたくさん採れてきた日本では、すでに博物館などに標本が収蔵されている可能性が高い」ということなのだ。

前章のタイプ標本の話でも語ったとおり、博物館の標本庫には、過去に作成された標本たち、いわば先人の叡智《えいち》が山ほど保管されている。たとえば、泉のいた国立科学博物館の筑波研究施設には、8階建ての標本庫……いや、もはや〝標本棟《とう》〟と呼ぶべきビルがあった。窓のまったくない威容《いよう》を誇る建物（※これは標本に対してもれなく毒である日光を防ぐためであるが）には、世界中の古今東西から集まった動物、植物、化石、岩石、そして人骨までが収蔵されている（**図3**）。伝統的な分類学の身上《しんじょう》は標本を分析することだ。すなわち、我々分類学者は、ときに博物館の標本庫にこもり、過去に採集された標本とにらめっこして解析することがあるんだよな。前章に書いた、柳さんの「イソギンチャクタイプ標本分析ツアー@ヨーロッパ」

図3　国立科学博物館の標本庫。この中で一生研究できるけど、窓がないからビタミンD不足で死にそう。その前に、揮発したアルコールで健康をやられそうだけど。

なんてのがその一例ね。

もうおわかりであろう。そう、いままでフィールドワークの大切さをあんなに語っておいてなんだが、未記載種を見つけるだけなら、フィールドに一歩も出る必要はないのだ！つまり、博物館の標本庫で標本を分析することで、ラボにいながら続々と未記載種を発見することもできるってことよ！

カワリギンチャクの研究でいえば、柳さんのいる千葉県立中央博物館の分館（海の博物館）の標本庫に収められていた標本たちが、俺の博士論文において不可欠なものとなったんだ。特に、釧路《くしろ》沖の千島海溝《ちしまかいこう》6000メートルの深さから採れた標本なんて、自分だけじゃ絶対手に入れられないからね。


ただ、俺は標本分析をしているうちに、こんなことを思っていた。

「やっぱり、生きたイソギンチャクが見たいなあ……」

他人の採った標本を使っておいてなんと贅沢《ぜいたく》な、と思われるかもしれないが、やっぱり俺のベースは、水族館の狂人マニアだからね。フィールドに出るのはめんどいけど、生きた生物が見たい。そんな俺がついに、水族館と縁《えにし》を結んでいくことになる。

思わぬ協力者の出現　～水族館への突撃訪問～

博士課程の1年になった2016年の春、そんな水族館趣味を満喫《まんきつ》すべく、愛知県は蒲《がま》郡《ごおり》にある竹島水族館を初めて訪れた（**図4**）。

最近市井にも有名な竹島水族館は、施設は古く小さいが、超個性的な展示が魅力。水族館によくある「種名解説板」も、オヤジギャグから社会風刺、果ては「深海生物、食ってみた」と題する食レポまで、わけのわからないネタが目白押《めじろお》しなんだよね。一発訪れただけでファンになった水族館なのだが、俺も一応は研究者の端くれ、ただ観光客の目線で展示を見ているわけではない。深海コーナーに来たとき、水槽の端っこに目ざとく一つの宝物を見つける。それは……喉から手が出るほど探していた、セイタカカワリギンチャクだった！（イソギンチャク図鑑❾）

このイソギンチャクは、写真こそ見たことがあるものの、固定された標本は一切見たことがなかった。そして、かの鳥羽水族館で飼われていた生体も、状態が悪くなって崩《くず》れるように死んじまったんだよね。だから、状態のいい生体がまさに目の前にいるのは、願ったり叶ったりってことだった。

そこからの俺の行動は、いま考えても早かった。さっそく巡回中のスタッフさんを捕まえて、「すみません、（名刺出して）こういう者なのですが、深海コーナーの飼育員さんを紹介してもらえませんか？」ほどなくして出てきた、深海コーナーの担当者。あとで知ったのだが、なんと竹島水族館の副館長だった！　そして、俺は「セイタカカワリギンチャクとして展示されている種、もしかすると分類が変わる可能性があります。いずれ、研究をさせてもらえませんか？」と、恐る恐るお願いした。結果は「ぜひ！」という快諾《かいだく》だった。初回の訪問時は趣味での訪問、つまり標本作成の器具も試薬も持っていなかったので、その2か月後に再訪し、見事なセイタカカワリギンチャクの生体を1個体いただいてきた。この標本が、今後の研究のキーとなる、重要なものになったんだよね！

図4　竹島水族館。小さな水族館と侮るなかれ。

いまとなっては、（名刺渡したとはいえ）どこの馬の骨ともわからない輩《やから》に、よく研究協力をしてくれたな、と思うわ。竹島水族館の副館長さんには頭が上がらない。

沖縄美ら海水族館とのご縁

そこからカワリギンチャク類の研究を進めること、実に2年。俺は全国の研究者・博物館・水族館を総あたりしながら、カワリギンチャク類の標本を集めていた。分類学者の仕事って、半分ぐらいはドサ回りというか、ひたすら自らの足で稼《かせ》ぐものなんだ。

たとえば、2016年、所属研究室で行われた小笠原諸島（父島列島）での底引き調査で、俺は海底の砂の中から前述のセイタカカワリギンチャクに〝似ている〟イソギンチャクを発見する。当時、セイタカカワリギンチャク属［*Synhalcurias*］の種はセイタカカワリギンチャク［*Synhalcurias elegans*］1種しかいなかった。しかし、発見したイソギンチャクは、セイタカカワリギンチャクにしては、明らかに小さく、体の中の隔膜の枚数も少ない。DNAの解析も行い、これらが別種だと判明したため、自動的に未記載種となった！

この小さなイソギンチャクは「コビトセイタカカワリギンチャク」（**図5**）と命名した。

〝背高で小人〟？　我ながら相変わらず命名のセンスがぶっ飛んでんな。そして学名は［*Synhalcurias kahakui*］とした。見てのとおり、古巣の国立科学博物館の略称、〝かはく〟をつけたというわけである。

こんな風にして、わずかだが自身で採集したカワリギンチャク類もいた。しかし、最初に述べたとおり、海岸に出て砂を掘るだけである程度発見できるムシモドキギンチャク類と違って、深い海に棲むカワリギンチャク類は磯歩きやダイビングではめったに採集できない。そのため、カワリギンチャク類の標本は博物館・水族館に所蔵されていたものがメインとなっていった。

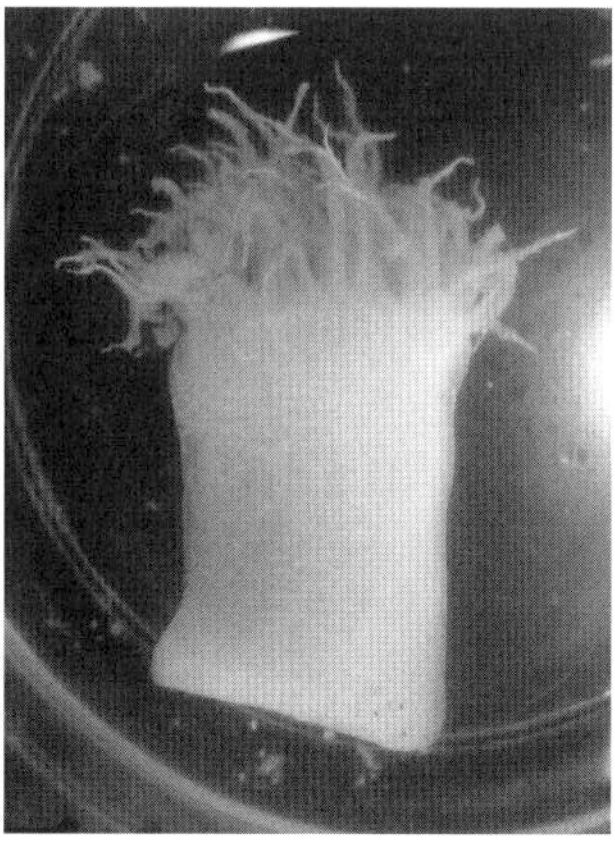

図5　コビトセイタカカワリギンチャク。

標本を集めるには、なりふり構わない。ときには、ほかの研究者からカワリギンチャク類の情報をもらうこともあった。

たとえば、ある研究者から、沖縄美《ちゅ》ら海《うみ》水族館の予備水槽にいるというイソギンチャクを見せてもらったのは、確か２０１７年春のこと。そこにいたのは、得体の知れない、巨大なイソギンチャク。一見カワリギンチャクにすら見えない種なのだが、古《いにしえ》の論文にあった「ヨツバカワリギンチャク」「クローバーカワリギンチャク」というカワリギンチャク類の種に〝やや〟似ていなくもない……？　しかし、当時はわずかな写真を見せてもらったのみで、借りた標本のほうは分析はしたものの、縮みきって触手も閉じていたため、正直よくわからなかった。つまり、「得体のしれない、謎のカワリギンチャク」以上には進めなかったんだよな。

そしてときは進み、2018年の秋。この種のことが1年以上気になっていた俺は、知り合いを通じて沖縄美ら海水族館の飼育員、東地拓生《ひがしじたくお》さん（当時、深海コーナー技師）とコンタクトを取ることができた！　日本で最も有名な水族館を、正確にいうと水族館の裏側にある予備水槽を舞台とした、数奇な研究はここから始まるんだ。

予備水槽は宝の山　～水族館の〝控え組〟～

さっそく沖縄に乗り込んだ話をしたいが、その前に。さっきから出てきている「予備水槽」って何？　という勉強熱心な方のために、水族館の話をするね。

そもそも読者の皆さん、水族館の生物って、どこから来るのか知っているか？

「……そりゃ、川や海だろ！」と思った方。半分正解で、半分不正解だ。たしかに、水族館のほとんどの生物は、多くは海や川に棲む生物を飼育員が自身で採集したもの、または漁師が混獲《こんかく》したものであり、水族館にやってきた生物はすぐに水槽に入れられる。※

しかし、採ってきた生物がいきなり〝客の目に触れる〟ことはほとんどない。どういうことかと言うと、水族館の水槽って、客の目に触れる〝表側〟の水槽「展示水槽」と、客の目には触れない〝裏側〟の水槽「予備水槽」があるんだよね。で、水族館にやってきた生物は、基本的にまず、裏側の予備水槽に入れられるんだ。たとえば、自然界の海から採集してきた生物が病気を持っていた場合、いきなり展示水槽に入れたら水槽内の魚に感染が広がってしまうだろう？　また、表の展示水槽が埋まっていた場合、デビューを待つために予備水槽で待機させることもある。

さらに、予備水槽には次のような、さまざまな役割がある。

※例外は、たとえばワシントン条約に引っかかるペンギンやアザラシなど。この手の生物は、自分で採集することができない（密猟《みつりょう》になってしまう）ため、専門の業者などを経由して輸入するか、あるいは保護されたものが展示されている。

・傷ついた生物・老後の生物の避難所

水族館で展示する生物は、客商売の都合、健康で状態のいい生物でなければならない。つまり、展示水槽で傷ついたり、歳を取って展示に堪《た》えなくなった生物は、予備水槽に下がって療養する。

・繁殖、子育てないし成長期の生物の居場所

出産・子育てするとき、生物は基本的にデリケートになるので、ストレスを与えないように客の目に触れない裏方に退避させるんだ。また、生物の子供（稚魚《ちぎょ》や幼生《ようせい》など）は小さすぎて見栄えがしないので、成長するまでは予備水槽にて手塩にかけて育てられる。

・名前のわからない生物の一次確保

水族館に入ってくる生物って、たまに名前のわからない生物がいるんだよね。水族館の展示水槽には、種名や解説を書いた「展示板」があるんだけど、種名がわからなければそれが書けない。だから、展示しにくいがゆえに、種名が判明するまで裏側の予備水槽にひっそりと住んでいるのだ。

この最後の点が、生物学者にはメチャクチャ重要。なぜなら、「名前のわからない生物」にはしばしば「未記載種」がふくまれるからだ。そう、未記載種が見つかるのは何もフィールドや、博物館の標本庫には限らない。水族館の中で、〝生きた未記載種〟が見つかることがあるのだ！　俺の今後の研究は、おもにこの予備水槽、ひいては水族館の裏側「バックヤード」を舞台として展開されていく。だから、研究を通じて、いろんな水族館の裏側を見ることもできた。一石二鳥、水族館の限界ヲタクとして、なんたる役得《やくとく》。

夢の沖縄美ら海水族館へ！

そんなこんなで、2018年秋に話を戻そう。俺は晴れて、沖縄に飛んだ。ちなみに鋭い方なら、こう思うかもしれない。「あれ？　お前、博士3年の秋なのに沖縄なんか行っていいの？　博士論文やってる時期じゃないの？」そう、このあとのコラムに詳しく書いたけど、博士課程を4年間やることが、すでに確定していたのです。

さて、日本の水族館マニアが、誰しも夢見る沖縄美ら海水族館（**図6**）。日本で最大級のまさに〝水の宮殿〟だ。解説不要かもしれないけど、尺稼ぎ、じゃなくてマニアの血が騒ぐから、ちょっと語らせて！

沖縄美ら海水族館で一番有名なのは、ジンベエザメと複数頭のマンタが複数頭泳ぎまわる「黒潮《くろしお》の海」だろう。水量は7500トン、日本の魚類飼育水槽※の中で、最大の水量を誇るのだ！ ジンベエザメやマンタに目を奪われがちだが、マグロやシイラなどの回遊魚、多種多様なサメやエイ、そして沖縄の県魚グルクン（タカサゴ）。他にもとんでもなくたくさんの魚種が泳ぎまわる。

図6　沖縄美ら海水族館。全国の水族館マニアの聖地も、俺にとってはれっきとした仕事場。

その横には、非常に飼いにくい巨大なサメを展示するコーナー、「サメ博士の部屋」。ときにはイタチザメやオオメジロザメなどの〝人を襲うこともあるサメ〟も展示され、大迫力に圧倒される。

また、サンゴの生体や熱帯魚を展示しているサンゴのコーナーも、沖縄らしい見どころだ。サンゴの生体の飼育はかなり難しくて、サンゴの体内の藻類に光合成をさせるために、強い光が必要なのだ。沖縄美ら海水族館では天から降り注ぐ太陽の光を取り込んで、生体のサンゴ（一部）を飼育している。サンゴ礁の展示は入り口近くにあり、最初から足を止めて見入る人が続出する。

……さて、その中で、比較的〝マイナー〟に甘んじている展示が、終盤にある深海コーナー。ジンベエザメ水槽の次にあるので、多くの人が〝おまけ扱い〟のような雰囲気で通りすぎてしまうんだよね……ひどい場合は、閉館時間が迫って足早に通過しちまうから、水槽をちらりとも見やしねえ。しかし、水族館狂として断言するよ。「深海コーナーだけで、一つの中堅水族館レベルの展示がある！」深海魚は適正水温も低いし、何よりデリケートなものが多い。だから、深海魚を展示できる水族館は少ない、それだけに貴重なんだ。おまけに、ここには沖縄独自の種や、後述の特殊な方法で採集された状態のいい生物が多数展示されている。「宝石サンゴ」の生体なんて、多分この水族館でしか見られないぞ。

皆さんぜひ、沖縄美ら海水族館にお越しの際は、深海コーナーでも十分な時間を取ってほしい。俺が論文化した新種がたくさん展示されてるかもしれないからね。

※魚類飼育水槽と断ったのは、イルカ類のショープールにこれより大きな水槽が存在するから。たとえば、愛知の名古屋港水族館のショープールは、驚愕《きょうがく》の1万3400トン、美ら海の黒潮の海の2倍弱もあるらしい。まあどちらにせよ、気が遠くなるほどでかい水槽には違いない。

図7　沖縄美ら海水族館のバックヤードと予備水槽。低い配管に頭をぶつけるのが、バックヤードの洗礼。

ついに〝怪物〟とご対面！

さてお待たせしました、本題だ。

沖縄本島は那覇《なは》空港に降り立って、バスで2時間半。沖縄美ら海水族館まではるばるやってきたるは、博士課程の頃の泉。有名な水族館だけど、たどり着くまでけっこう時間かかるんだよね。窓口を担当してくださった東地さんの出迎えを受け、いよいよ深海コーナーのバックヤードへ。水族館のバックヤードには、ご覧のように配管が並び、桶《おけ》のような予備水槽が多数置かれている（**図7**）。予備水槽は展示水槽ではないから、ガラス張りにしなくてもいいし、むしろ管理のしやすさが重要ってことだ。

その水槽の中をのぞきこむと……奴がいた！

図8　予備水槽の怪物。15年間、日の目を見るのを待っていた（深海生物だから日光は大敵だけど）。

怪物のような巨大なカワリギンチャク（**図8**）。噂《うわさ》には聞いていたが、大型種とされるセイタカカワリギンチャクにも負けず劣らずデカいなあ！　そして、なんといってもイソギンチャクの中でも一、二を争う異形の姿。口の周囲の部分（口盤《こうばん》）が八つに裂《さ》け、ときにそれをグワッ！　と広げると中からは何百本もの触手が現れる。なんと形容しようか、ハエトリグサの化け物とでも言おうか？　禍々《まがまが》しくも美しい、深海の花である。

この化け物の何がすごいって、水族館の予備水槽の中で10年以上、人知れず咲き続けていた、ということだ。この謎のカワリギンチャクは2004年、沖縄美ら海水族館のROVを利用した深海調査で採集された。ROVとは、Remotely Operated Vehicleの略で、無人潜水艇《せんすいてい》のこと（**図9**）。船上から操作して深海に沈め、アームと吸引器を駆使して生物を採集する高性能な機械であり、イソギンチャクみたいな柔らかい生物も傷つけずに採集することができるんだよね。

2004年に採集されたこのイソギンチャクは、何者かもわからないまま、その後十数年も予備水槽にて飼われていたというわけだ。ほら、さっき書いた予備水槽の「何者かわからない生物の隔離場所」って機能が生かされた例だよ。それにしても、飼育法もわからない生物の餌を突き止めて、10年以上も世話をしつづけていたなんて、水族館の持つ飼育技術には心から驚かされたね。

図9　無人潜水艇ROV。沖縄美ら海水族館の誇るまさに“兵器”で、深海生物を船上から採集してくる。技術も進歩したなあ。

話を泉の調査に戻そう。沖縄美ら海水族館のバックヤードで、俺はしばし、このイソギンチャクと格闘することになる。この調査の目的は、もちろんこの謎のカワリギンチャクの〝使いやすい〟標本を作成し、新鮮なDNAを入手すること。だがそれだけではない。何よりも、このイソギンチャクの「生きている」様子を見物することにあった!

ヨツバ
カワリギンチャク

謎の
カワリギンチャク

クローバー
カワリギンチャク

図10　標本で見比べた3種。縮んじまって、色も抜けているから、差異がいまひとつ分からねえ……。

水族館で生物学
～生体を見ることの重要性～

この謎のイソギンチャクの標本自体は、前述の通り、研究者から借りたときにある程度は分析していたんだ。その結果、わずかに、カワリギンチャク科の2種「ヨツバカワリギンチャク」と「クローバーカワリギンチャク」に似ているかも？　とは思ったものの、その2種のいずれかなのか、あるいはまったくの別種なのかは、その縮みきった標本ではわからないままだった（**図10**）。たしかにイソギンチャクはクラゲに比べれば標本がきれいに残りやすくはあるんだけど、それでもエビやカニや貝のように固くはないから、多少は縮んだり崩れたりしてしまうものなんだよね。だから、イソギンチャクの分類学では、標本での比較だけで種を断言するのがどうしても難しいのだ。言いかえるなら、「伝統的な分類学における〝標本至上主義〟に固執していては、新時代のイソギンチャク学は拓《ひら》けない」と俺は思っていたんだよね。

だから、この水族館で、謎のカワリギンチャクの生きた姿を見たかった。実際の姿は……うん、やっぱり標本とはぜんぜん違う！　触手や口盤の様子が見られるし、何より十分に伸びきったときのサイズ感がわかりやすい！　こんなにデカかったんだ……という感銘《かんめい》は、生体を見ずしては受けられまい。

さらに運のいいことに、この水族館には比較対象であるカワリギンチャク科の「クローバーカワリギンチャク」の生体もいたのだ！（イソギンチャク図鑑⑩）クローバーカワリギンチャクは、１００年以上前にたった1匹だけの標本から新種記載され、その後一世紀もの間採集の記録がなかったＳＳＲ級の珍種。それがたまたま、予備水槽に10匹近く飼育されていた。こういう偶然もあるんだねえ。

さて、「謎のカワリギンチャク」とクローバーカワリギンチャクの観察結果、およびヨツバカワリギンチャクのデータを比較してみる。ポイントは、やはり「謎のカワリギンチャク」がクローバーあるいはヨツバの特徴と一致するのかどうか、という検証だ（**図11**）。

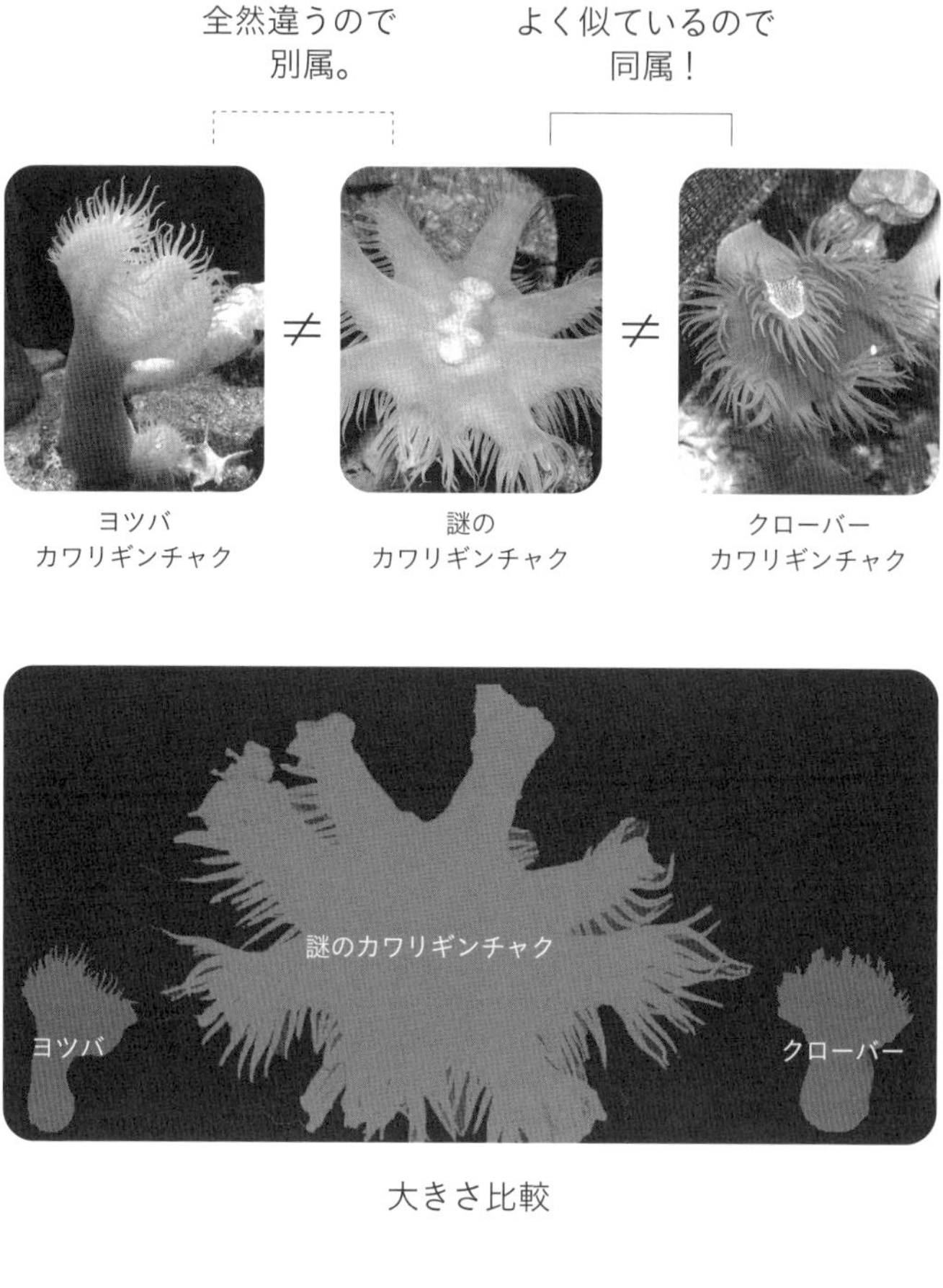

図 11　生体で見比べた 3 種。構造もさることながら、大きさが全然違うのが分かる！

①サイズ

クローバーカワリギンチャクの生体は大きくても10センチメートルには達しないが、謎のカワリギンチャクは20センチメートルを余裕で超える。ヨツバカワリギンチャクも、ここまでは大きくならず、せいぜい10センチメートル程度だ。

②口盤の形

ヨツバカワリギンチャクは名前のとおり、葉っぱのような四つのヒダと四つの切れ込みを持つ。クローバーカワリギンチャクは、八つのヒダと切れ込みがあるが、大きなものと小さなものが交互に配置される。そして謎のカワリギンチャクに関しては、明確に八つのヒダと切れ込みが存在し、八つの大きさもほぼ同じ。

③体壁の構造

十分に伸びているときは、謎のカワリギンチャクの体壁はつるつるしており、イボのような構造は一切ない。ヨツバカワリギンチャクやクローバーカワリギンチャクの体壁には、突起状か皺状の構造が分布している。

こんな結果となった。

謎のカワリギンチャクは、比較した2種とはいずれの面でも明らかに異なる特徴を持っている。つまり、未記載種である可能性が高まったってこと。やっぱり、生きた個体たちから得られる情報はドでかい！

ひとまず、以上の観察を行ったあと、謎のカワリギンチャクなど数個体の標本化・DNA採取を行い、そして何より8年ぶりの沖縄美ら海水族館見物を存分に堪能《たんのう》していたら、あっという間に沖縄調査は終わった。なお、せっかく沖縄に行ったのに、一切海には入らなかった。まーたあの自見の奴にもったいないとか言われそうだな。

新種、チュラウミカワリギンチャク爆誕

沖縄から意気揚々と帰還《きかん》し、作成した綺麗な標本を用いて、お馴染みのミクロトームによる切片《せっぺん》作成、顕微鏡による刺胞の分析、およびDNA分析をすこしだけ行った。結果は、

やはり水族館での観察を裏付けるものだった。

　この謎のカワリギンチャクは、標本化して多少縮んだ状態でも高さは10センチメートル、直径も7、8センチあり、触手は数百本を数える。しかし、そんなにでかいのに体内の隔膜は36枚しかなく、付随する筋肉の発達も弱く、刺胞もまばらでまったく大きくない——そのような形態的特徴を割り出すことができた。そして何より、DNAを調べた結果でも、こいつはヨツバより、クローバーにずっと近い種であるとわかったんだよね。

　結果水族館での俺の分析どおり、本種は「クローバーカワリギンチャク属の未記載種」と結論づけられたんだ！　クローバーカワリギンチャク〔*Synactinernus flavus*〕は100年ちょい前に新種記載された種にして、クローバーカワリギンチャク属〔*Synactinernus*〕の唯一の種。すなわち、この謎のカワリギンチャクは、約100年ぶりにこの属に追加される2種目の種、ということになる。……なんか、さっきのコビトセイタカカワリギンチャクと全く同じ展開だよね。ぶっちゃけ、未開の分類群なんて、こんなことばっかりなんだわ（しかも学名のスペルまで似てるから、俺でもしょっちゅう混乱する）。

　とにかく、この「美ら海の怪物」が未記載種と分かったからには、我々は当然、新種のイソギンチャクとして記載することになる。共著者との侃々諤々の議論を経て、俺らは

２０１９年に記載論文を『Zoological Science』誌に投稿した。この名前は聞き覚えあるよね？　そう、テンプライソギンチャクの新種記載もこの雑誌で行ったんだった。俺にとって色々と思い出深いジャーナルだ。

この種の名称だけど、学名を*Synactinernus churaumi*、和名をチュラウミカワリギンチャクとした。もちろん、どちらも水族館の名前に献名《けんめい》※したということだが、同時にその由来である沖縄の美しい海をイメージできるようにもした。

今回はテンプライソギンチャク以上にすんなりと進み、２０１９年秋ごろにはジャーナルより受理の連絡をいただくことができた。そして、12月には、出版を迎える。

だが、俺にはやはり、隠し玉があった。こんな面白い事例、普通に出版するだけじゃもったいないじゃない……？

※献名とは、ある人物、機関、団体などに対し、和名もしくは学名にその名前をつけて敬意を表すること。今回であれば、俺から沖縄美ら海水族館に、今回の種の長期飼育と標本提供の感謝をこめて名を贈らせていただいたということだ。献名されて嫌な人は基本いないから、まさに一種の返礼というか、挨拶みたいなものだよね。コビトセイタカで*Synhalcurias kahakui*、国立科学博物館に〝恩を売った〟のもこの手法ね。

水族館に15年間いた新種
〜ふたたびのメディア露出〜

そう、またもや俺が使おうとしたのはメディアのパワー。

まーた性懲《しょうこ》りもなく東大の広報部のプレスリリースの担当部署を動かして（しかも今回は、前回のテンプライソギンチャクのときに知り合った人に直接頼み込んで）、プレスリリースをメディアに解き放ってもらうよう、手はずを整えた。この男、学生の分際《ぶんざい》でプレスリリースを使いこなしてやがる……！

今回の売り文句はもちろん、

「水族館に15年もいた新種」！

チュラウミカワリギンチャクの希少性や、属の100年ぶりになる2種めの追加はもちろんであるが、伝統的分類学に喧嘩《けんか》を売るような、生体を見る新時代の分類学と言えるアプローチ。そして、レジャー施設と思われている水族館の、学術面での最高の貢献とポテンシャル。ここいらを売り出して、テンプライソギンチャクに続く柳の下のドジョウ、第二のヒットを飛ばそうと考えたのだ。

たかが学生の分際で（しかもおっちゃん抜きで勝手に）、ここまで計算して売り出したの、ある意味自己顕示欲が生んだ才能と言えるかもしれない。

そんなこんなで、論文と同時にプレスリリースが封切《ふうぎ》りされ、チュラウミカワリギンチャクは世間で大ヒットすることになった。瞬く間に、テンプライソギンチャク同様Yahoo!ニュースの科学欄↓トップニュースという順番で掲載がなされ、取材もメチャクチャ飛び込んできた。

しかも今回は、同時に沖縄美ら海水族館からもプレスリリースが飛んだ。これこそ水族館との共同戦線ならではだね。結果、取材のほとんどをあっちに持っていかれたけど、沖縄の方からもチュラウミカワリギンチャクが世界に羽ばたいたわけだ。さらにさらに、それに合わせて沖縄美ら海水族館では、待ってましたとばかりに展示水槽にチュラウミカワリギンチャクがデビュー！　東地さんによると、この件で相当な取材が来て、お客様が深海コーナーをスルーせずに見てくれるようになったとのこと。

このあとも、チュラウミカワリギンチャクは毎年展示スタイルを変え、大型の専用水槽を経て、現在は深海コーナーの大水槽の一角に群れを形成している。いずれもっと採集もしくは繁殖させて、この水槽の一角にイソギンチャクの一大お花畑を作るのが美ら海さんの夢なのだとか。美ら海のお花畑……凄《すげ》え見てみたい！　美ら海さんにはぜひとも、実現してほしいものだ。

それにしても、予備水槽の厄介者《やっかいもの》が、水族館の宝物にまで大出世する。生物学者の冥利《みょうり》、ここに極まれりだよ。

……ま、実際はそんな感動にうつつを抜かす間もなかったんだけどな。だって、プレスリリースの時期見てみてよ。2019年の12月って、俺の博士論文審査の真っただ中じゃねえか。このチュラウミカワリギンチャクの成果を筆頭として、修士からのすさまじい成果をこの1年かけてまとめていたので、博士の審査自体はすんなりいけた……ハズだったんだがな（章末のコラムへ）。

新分野「水族館生物学」の旗頭へ

兎にも角にも、チュラウミカワリギンチャクをめぐる水族館との冒険は、ここで一段落となる。テンプライソギンチャクの研究より発展性には乏《とぼ》しい？　と思わせて、泉の研究人生においてはテンプラ以上に意味を持った種だと思っている。

なにせ俺が、一つの学問分野を創設してしまったのだから。

たかが水族館で新種見つけただけで大げさな……。そう思われた方。このチュラウミカワリギンチャク周りの研究だけで、水族館と共同研究しなければ決して得られることのなかった新規性を、以下のようにたくさん確立したんだぞ。

・未知の生物の高い長期飼育技術の活用

チュラウミカワリギンチャクは、15年間も予備水槽の中で、「なんだかよくわからないまま」飼育され続けていた。こんなこと、飼育の素人《しろうと》である研究者にはとてもできない。水族館には、そんなミラクルを可能にする大がかりな施設と、飼育員のノウハウがあるのだ。未知の生物を状態良くキープするって、生物の形を観察する我らの学問にとっては、最強の技術だよ。

・生体および生態を観察する、またとない場

クローバー&チュラウミカワリギンチャクの生きた姿が今回の研究の決め手になったように、水槽で生体を観察するのは、メチャクチャ貴重な研究の場なんだよな。さらに、たとえば鳥羽水族館においてテンプライソギンチャクの謎の行動が明らかになったように、生物を飼育していたら〝生体〟のみならず〝生態〟にまでアプローチできる事例もある。この活きた情報こそが、生物の理解を包括的《ほうかつ》、多角的にしてくれるんだ。伝統的分類学のしきたりにこだわって死んだ標本だけを見ていたら、一生たどり着けない知見ってことだな。

・自分では絶対に入手できない生物の宝庫

水族館の職員さんって、日夜《にちや》展示生物を採集し、つぶさに観察している。正直、学者より目が肥《こ》えており、途方もなく珍しい生物を見極めて採集してくる腕もあるんだ。熟練の飼育員さんって、本当にすごいんだぜ。それに加えて、水族館の生物って、何も水族館が自ら採集したものとは限らないのよ。日夜、漁師さんたちからわけのわからない混獲物が入ってくるんだよな。俺ら凄腕《すごうで》の研究者とて、そんなに日夜、海とにらめっこできるわけじゃないし、何より深海に網を入れるなど、めったにはできない。それはつまり、研究者

がめったに入手できないような貴重品が、水族館にはしばしば入ってくるってことだ。実はあの竹島のセイタカカワリギンチャクも、もとは熊野灘の深海魚の混獲物だったんだ。

……やっぱり、水族館ってすっげえよ！　こんなポテンシャル持ってるんだもん。

そして何より研究者にとって、水族館の飼育員さんは、杉下右京と亀山薫《かめやまかおる》をも超える、最強の〝相棒〟なのよ。この両者の性質を述べると、

研究者「生物の知識は任せろ！　でも、生物の入手機会が欲しいなあ……」

飼育員「生物は山ほど手に入るぞ！　だが、生物の知識がもっとあればなあ……」

もうおわかりだろう、需要と供給が奇跡的なほどに嚙み合ってるんだよね。俺からすると、効率の悪いフィールドワークに無謀に明け暮れるぐらいなら、水族館さんのパワーを利用させていただく方が、新規性としてはずっと高いと結論づけたんだ。……決してコスパ重視でサボりたいわけじゃねえからな。

この独自性をもとに、俺はこの学問を晴れて「水族館生物学」と称したい。近年〝レジャー施設〟に格落ちしていた水族館を、この剛腕《ごうわん》で学問の場に引き戻したというべきかな。この後も、俺は全国各地の水族館と親交を深め、水族館における総合的な生物学の王道を構築していくこととなるんだ。

チュラウミカワリギンチャクの論文は、２０２０年の動物学会の論文賞であるZoological Science Awardを受賞することになった（**図12**）。俺（と柳さん）は、２０１９年のテンプライソギンチャクの論文に次いで、なんと2年連続である。その受賞理由にも、水族館との研究を拓いた先進性が挙げられていた。いまやこの泉こそが、誰もが認める「水族館生物学」の開祖と言っても差し支えあるまい。

図12　論文賞をとったチュラウミカワリギンチャクの論文は、ジャーナルの表紙に採用された。オープンアクセスだからぜひ読んでみてね。ちなみにメイン写真は実は横倒しになっているんだけど、気にしてはいけないよ。

生来の水族館狂がいつの間にか、自身のフィールドで、水族館と仕事をするようになった。そして、水族館生物学という、一つの学問を創設しちまった。一種のサクセスストーリーって奴だ。チュラウミカワリギンチャクは、そんな伝説のテーマとなったんじゃないかね。

さて、チュラウミカワリギンチャクの話があまりに壮大すぎて、皆さんすっかりお忘れでないか？　俺が見据えているのは「カワリギンチャク全体の分類整理を、俺自身で完結させる」という、比較にならないほど壮大な目標だったことを。この未来予想図は、最終章へと持ち越されることになる。皆さま、ここが大体本書の四分の三。あと一息だから、最後まで見届けてくれよ。俺の怨念レベルの執念が、実を結ぶまで。

……あ、間違えた、〝大輪の花を咲かせるまで〟か。だって、イソギンチャク、英語でシー・アネモネだからね（分かりにくいわ）。

イソギンチャク図鑑 9

セイタカカワリギンチャク

Synhalcurias elegans

変型イソギンチャク亜目・ヨツバカワリギンチャク科

カワリギンチャク類の中でも最大級の種で、全長が最大20センチメートルにもなる。存在感のあるオレンジ色のボディに、艶《つや》めかしい黄色のくちびる。とってもかわいいでしょ？

この種は日本の固有種であり、日本の海以外から採られた記録がない。しかし、1908年にこの種を新種記載したのは、さっきも出てきたワシリエフという謎の外国人※。そして、1904年に採集したのも、フランツ・ドフラインというドイツ人だ。当時はまだ日本の分類学は発展途上だったから、日本の生物の分類を外国人研究者がやっていたんだよね。その後100年以上経って、俺ら"地元民"の手でふたたび論文化した。

血眼《ちまなこ》になって本種の標本を欲しがったものだけど、じっくり見てみると、意外と各地の水族館にこいつがいたんだよね。

※このワシリエフ（Wassilieff）という人は本当にミステリアスで、イソギンチャクの論文をいくつか書いているのにもかかわらず、生没年《せいぼつねん》はおろか国籍も、それどころかフルネームも不明（論文にあるファーストネームはA.という略号のみ）という謎の人らしい。字面《じづら》上ドイツ人と思われるが、柳さんの現地調査でもあたりすらつかなかったのだとか。いまのSNS社会では考えられない、時代に埋もれてしまった学者さんだ。

イソギンチャク図鑑 10

クローバーカワリギンチャク

Synactinernus flavus

変型イソギンチャク亜目・カワリギンチャク科

クローバーカワリギンチャク属の代表種で、日本の固有種である。
大きなヒダと小さなヒダが交互にくるため、上から見るとハートが四つ、放射状に並んでいるように見える。まさに四つ葉のクローバーだ！　この和名は、カワリギンチャク研究の中で、俺が新たに名付けたもの（もともと学名だけがあった種に、再記載時に和名を追加で与えることもあるんだよな）。
世界中で100年間に1個体しか採集されなかった超珍品なのに、何と、水族館の予備水槽に、10匹近く生きていたんだよね。つまり、ある意味この種が、俺肝《きも》いりの「水族館生物学」のルーツということになるのだろう。

イソギンチャク
図鑑
11

チュラウミ
カワリギンチャク

Synactinernus churaumi sp. nov.

変型イソギンチャク亜目・カワリギンチャク科

沖縄の深海に棲む、カワリギンチャク類の最大種。8枚のヒダが最大まで開ききると、その直径は25センチメートルにもなり、禍々しくも大迫力な見た目を持つ。
沖縄美ら海水族館が無人潜水艇を利用した深海調査で採集し、15年飼育されたあと、この泉が新種記載をしたという思い出の種。学名＆和名は沖縄美ら海水族館に献名させていただいた。
沖縄美ら海水族館で展示されて以来、ずっとピックアップしてもらっているほか、沖縄県立博物館（おきみゅー）でグッズになっていたことも判明した。いまや、クマノミとの共生でメジャーになった奴をも押しのけて「沖縄を代表するイソギンチャク」になっているのだろう。テンプライソギンチャク以上にメディア受けする、まさに怪物となった。

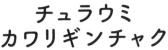

COLUMN 3

「どこがダメなんだ、言ってみろやぁ！」
〜博士号を取得する大変さ〜

東大に入って最初で最後の後悔

大学全入時代がそこまで迫っている。現役の大学教員が言うのもなんだが、このご時世、卒業論文なんて、ぶっちゃけ〝出せれば〟卒業できるんだよね。うちのラボだって、自由研究みたいな卒論を出す輩《やから》も多いもん（それはお前がまともに卒論を見ないからだろ、とか言ってはいけないよ。事実はときに人を傷つけるんだから）。

しかし、大学院はそうはいかない。修士課程ですらもなかなか厳しい審査が展開されるが、博士課程はその比ではない。本章冒頭にも書いたけど、自由研究でＯＫな卒研と違って、博士号を取得するには世界に認められるような研究成果が必要なんだ。

まして、俺が在籍していたのは、俗に日本の最高学府と呼ばれる東京大学。知ってのとおり、中には化け物のような研究者が多数在籍している。※その博士号の審査なんて、どれだけおぞましいか……このときばかりは東大に入ったことを後悔した。

さて、俺の博士号の審査も例にもれず、壮絶だった。指導教員をはじめ、精鋭の審査員5人を相手にしなければならないし、その大変さは先達から聞いていたから、いくつもの対策を練った。まずそもそも、標準年限が3年間の博士課程に4年間在籍した。3年目での成果では修了できるか不安だったからだ。いわゆるオーバードクターって奴だね。その間に、原著論文をなんと8本も出した。うちの専攻は1本で良かったところを、8本である。そして博士論文も、驚愕の333ページ執筆した。できあがった博士論文なんざ、電話帳かと思ったよ（世代がバレるぞ）。そこまでの準備をしたうえで、意気揚々と博士の審査に臨《のぞ》んだのだった。

大多数の人生のトラウマ。俺も例外なく……

予備審査会は悠々《ゆうゆう》と突破し、本審査会。発表も終わり、勝負の質疑応答も普通に乗り切った、はずだった。しかし、ある審査員から注文がつく。「D論の内容は良いんだけど、英語がひどいんだよな」……しまった！　内容にこだわりすぎて、英語は盲点《もうてん》だった。そこから暗雲が漂いはじめる。審査員の何人もが、その注文に賛同しはじめたのだ。クソ、自分じゃ言い出さないくせに、偉い人の尻馬《しりうま》には乗る日本人気質が……。そして、最後に審査結果が伝えられる。まあ注文はついたけど、内容は完璧だし問題ねえだろ、とタカをくくっていたが……言い渡されたのは「条件付き合格」。

……（思考停止中）……あァ？　条件付きだァ!?

審査員長（主査）曰《いわ》く、「論文の出来は良いんだけど、英語を直さないと認められないから、20日後にその出来を見て決める」、ということだった。いやいやいや、冗《じょう》

※誤解を招かないように申し上げるが、大学の偏差値と、在籍する研究者の能力・業績は比例するわけではない。たとえば、我が愛しの福山大学は、残念ながら世間ではときに〝Fラン〟と呼ばれてしまうのだが、日本一の研究者のDr.クラゲさんが跋扈《ばっこ》しているのだからね。
ただし、大学の資金力は学生の数にも支えられているため、ある程度偏差値と比例しているのも事実らしく、また上位の大学が優秀な研究者を引っ張れることは間違いないようだ。

談《だん》じゃねえぞ！　というのも、すでに俺は翌年度からの学振PD（206ページを参照）の職が決まっていたからだ。そういきり立つと審査員の一人が「それはそっちの都合だからまったく関知しないよ」とか抜かしやがった。これもうハラスメントだろ（怒）。

ま、相手はお偉い先生方、これ以上若造《わかぞう》が何言っても埒《らち》が明かない。なら、各審査員の不満点を全部つぶすしかない。だから、解散後に各審査員に突撃する。逐一《ちくいち》教えてくれた人もいたが、なかにはひどいのがいて「いや、どこがダメってわけでもないいんだけど、全体的にダメなんだよ」……ふっざけんじゃねえ！　と、このときばかりはマジギレして、このコラムのタイトルのような暴言まで吐き散らかしたわ。

ミイラ取りは、めでたくミイラとなった

それから、博士論文を必死で直した。マジで、人生で最も生きた気のしない20日間だったよ。だって、卒業旅行として計画していた北海道（もちろん、独り旅）ですら、水族館と食事のとき以外パソコンとにらめっこしてたもん。網走《あばしり》の流氷観光

COLUMN 3 「どこがダメなんだ、言ってみろやぁ！」
～博士号を取得する大変さ～

船の待機場所で博士論文を打ってるときは、さすがに「俺何やってんだ……」って思ったわ。さしもの俺も、荒れてたというか、精神的に病んでたよ。ちなみにこのときに英語をはじめ論理や知識まで見てくれたのが、次の章で登場する琉球《りゅうきゅう》大学のドクター・ライマー師である。俺のD論完成はこの人のおかげ、泉は生涯、師に頭が上がらないだろう。そんなライマー師のお墨付きのもと「手前らよりこの分野の専門家のネイティブがOK出したんだ、まさかこれでダメって言うつもりねえよなあ？　あぁん？」と、なかば脅迫《きょうはく》するような勢いで博士論文を再提出したら、あっさり合格。こうして、俺の人生で最も過酷《かこく》な20日間が終わった。闇堕《やみお》ちしないで本当に良かったわ……危ねえ危ねえ。

まああたしかに俺の博士論文、いま自分で見ても思うけど、英語の出来は目もあてられないくらいにひどい。そもそも俺は、英語が苦手だし。だけど、これは研究者みんな言うんだけど、博士論文なんて、あとになってみれば得てして〝恥〟なのだ。自分のD論を自慢する奴になんか、会ったことないもの。それが証拠に、博士論文の一部をそのまま論文化したって、英文の校閲《こうえつ》に出せば赤ペンがいーっぱい入るんだぜ。ネイティブじゃない人間の英語力なんてそんなもんだよ。やっぱり、厳しすぎる博士の審査は、度が過ぎてると思うわ。

……ああ、誤解なきように。審査員の先生たちが厳しく審査してくれたこと自体は一切恨んでねえし、むしろ感謝してもしきれないほどなんだよ。俺が審査員になったらもちろん、誰相手だろうと鬼のように厳しく指摘するもの。所詮は俺も研究者、完全に同じ穴の狢《むじな》だよな。

というか、俺はたとえ学部（卒研）生相手だろうが、研究に関しては一切妥協がねえんだ。だってうちのラボの学生、こう言うんだよ。

「泉先生のラボの一番の利点は、先生《オニ》が卒研の審査員として来ないことですね（笑）」

第4章 よろずの研究の果てに……

ついに〝そのとき〟がやってくる！
「あなた方の論文を受理します」
血が沸騰《ふっとう》するレベルの歓喜が、
体中を駆けめぐる。
〝命を懸けて〟挑みかかった、
我が人生究極の
イソギンチャク道。
運命の歯車が最高速度に達した、
孤高の男の集大成をご覧あれ！

新科
ヨツバカワリギンチャク科
Isactinernidae fam. nov.

ドクター・ライマー

「琉球大学には、刺胞《しほう》動物の超人がいる」と、伊勢の大将に聞いたのは修士1年の頃。なんでも、刺胞動物の花虫綱の広範囲において、チームを主宰してものすごい勢いで研究をする外国人が、琉球大学に在籍しているらしいのだ。だから、正直なことをいうと、俺は最初はその〝怪物〟との接触を避けていた。テンプライソギンチャクとかの研究成果を、競争相手として取られてしまうのではないかとの恐れである。あと、英語が苦手な俺にとって、外国人の先生に対して腰が引けていたところも正直あったと思う。意外と俺ってチキンハートなんだよね。しかし、やはり同じ業界の研究者同士、どこかでは出逢ってしまう。

それは2017年秋。奄美大島で行われた「日本刺胞・有櫛《ゆうしつ》動物研究談話会（以下、NCB）」という研究集会でのこと。この会は、端的にいえば、「刺胞動物を専門とする学者と水族館職員が集まって、温泉入って飲み会しながら楽しく情報交換しよう！」といった趣《おもむき》の会。発表会もあるんだけど、学会よりずっとアットホームで、しかも水族館職員さんも多く来るので、俺は毎年参加している。水族館行きたいし温泉行きたいし飲み会したいしね（遊び人め）。

そんなＮＣＢ年次会の、初日の飲み会の一角に、人だかりができていた。真ん中にいたのは、アロハ（かりゆし）を着たボウズの大柄なカナダ人。この人こそが、のちに俺の人生をも救う、琉球大学のジェイムズ・デイヴィス・ライマー先生（以下、ドクター・ライマー）であった（**図１**）。伊勢さんに聞いたイメージから、恐る恐る挨拶をしてみると……なんと気さくで、面白い先生であるか！　しかもオヤジギャグが言えるぐらい、日本語ペラッペラだった。俺のイソギンチャクの研究発表も褒めてくださって、とても愉快《ゆかい》な出会いとなったのだ。

図１　ドクター・ライマーと泉。実は、泉もかりゆしが普段着である。それにしても、この２人がキャンパスで通報されない理由を知りたい（笑）。

　ライマーさんとは、このあと展開されるポスドク時代はもちろん、そのあとまでずっと関係を築かせてもらっている。俺の論文の共著者であり、プロの英文校閲者であり、採集や遊びのよき同行者でもあった。まさに、このＮＣＢで、最高のご縁を得ることができたんだ。てか、こんなことならもっと早くコンタクト取っておけばよかった、恨《うら》むぜ伊勢さんよ……（笑）。

激戦！　学振ＰＤを勝ち取れ

ときは流れ、２０１９年春。学振ＰＤの募集時期がやってくる。学振ＰＤ、正確には「日本学術振興会特別研究員・ＰＤ」というのだが、簡単にいえば博士課程を卒業して５年以内のぺーぺー博士のうち、優秀な奴を登用して「３年間給料あげるから、好きな研究に専念しなさいよ」という制度だ。これの何がすごいかって、博士号取り立ての時期にありがちな「職ナシ・食いっぱぐれ」と「ボスの下働き、自分の好きな研究ができない」という落とし穴の、両方を見事につぶしていることなんだよな。この学振ＰＤに採用されたら、３年間食い扶持《ぶち》を維持しながら自分の研究に専念でき、さらに精神的に余裕をもって次のポストを狙えるという、新人研究者の垂涎の的ともいうべき制度だ。

ただし、世の中うまい話には裏があると相場が決まっている。この学振ＰＤは、競争率がすさまじいことになっており、倍率は8倍とも10倍ともいわれる。そりゃそうだ、博士取ってから5年応募できるってことは、初年度から5年目までが勝負するわけなんだからね。俺の周りにも「三度目の正直！」「年限ギリギリ、5回目での悲願！」という人がいるように、何度も挑戦して取れれば良い方で、まして博士号を取得していきなり採用されるとなると、すさまじい天才が素晴らしい研究テーマで申請《しんせい》しなければ無理、というわけだ。

さて、そんな学振PDの応募時は、研究テーマのほかに、「受け入れ研究者」というのを指定しなければならない。学振PDは、過去在籍した大学院とは異なる機関に申請する決まりになっているからだ。※

そして、俺がどこを受け入れ先に学振PDを申請するか悩んでいたとき、頭に浮かんだのは「俺が思う研究ができるのは、琉球大学のライマー研究室なのではないか？」ということ。実は前章のチュラウミカワリギンチャクの仕事のついでに、俺は琉球大学にも立ち寄り、ライマー研を見学がてら、研究相談にも乗っていただいていた。その後も研究相談をするなかで思ったのは……「ドクター・ライマー、この人はマジもんの〝怪物〟だ」ということ。研究において、世間で優秀とされる研究者たちが霞《かす》んで見えるほどの洞察力と、

※これは、学振PDという制度が「大学院の研究の単なる延長でなく、異なる視点を持つ発展的な研究をすることを推奨《すいしょう》する（意訳）」というコンセプトだから。現実的な視点では、たとえば「出身研究室の隣のラボに転がり込んで、実質はもとのラボで同じような研究を続ける」というグレーな状況を防ぐためのものといわれている。

とんでもない仕事量。ネイティブであることも後押しして論文執筆力もすさまじく、同時進行の仕事が数百もあるとか。やっぱり、出会ったのが博士課程の中盤で、ある意味よかったかもしれない。学部生のひよっこのときにこんな怪物に邂逅《かいこう》していたら、研究から早々に足を洗っていたかも（笑）。

そんなこんなで、ドクター・ライマーを受け入れ研究者に決めて応募した学振PD。8倍とか言われる倍率を悠々と突破し、翌年の沖縄への配属が決定したのだ！

雌伏のとき@沖縄

まあ己に帰さぬところでも散々苦労したのち（コラム③を参照されたし）、2020年の3月に博士号を取得した俺。幸いにも、「博士号取得したのに、職がないよ～（悲鳴）」というよくある状況に陥《おちい》ることなく、沖縄でのポスドク（学振PD）という新天地が待っていた。さあ、これからの3年間は博士論文という強烈な呪縛もなく、研究費は学振の科研《かけん》費《ひ》でたっぷりある。いよいよ、沖縄の島々をはじめ、全国行脚《あんぎゃ》で採集に行き放題！　人生で一番、研究に情熱を注げる時間がやってくる……はずだった。

しかし、好事魔多《こうじまおお》しというか、運命の神はそう簡単にバラ色の時間を許してはくれなかったんだよな。もう一度、時期を見てほしい。2020年3月、世の中では何があった？　ヒントは〝志村忌《しむらき》〟。そう、世界中があのクソ病の災厄《さいやく》に阿鼻叫喚《あびきょうかん》していた頃だ。万人が、ってのは言いすぎかもしれないけど、多くの人が、人生のそれぞれの時間に空白を作ったコロナ禍《か》。俺にとっては、沖縄でのポスドク時代をアレが直撃したんだ。

コロナ禍の初期の警戒度合いは本当にすごくて、俺が沖縄に赴任したときは、まず、沖縄に到着してから2週間の自宅隔離《かくり》。この当時は最初の緊急事態宣言が出ていて、潜伏《せんぷく》期間が2週間もあったとされるあの病気を〝本土から持ち込んでいない〟ことを証明するために、ひたすら家にいなければならなかった。あれ？　記憶では、沖縄の方がコロナの感染率高かったよな……？　そしてその後、大型連休明けに大学がダウン。あの頃は大学構内で一人でもコロナウイルスの感染者が出ると、大学自体がシャットダウンするという異常事態だった。つまり、自宅待機が明けてもなお、研究室に入ることができなかった。

そんなこんなで、初めて研究室に入れたのが、なんと5月末。学振PDの任期って3年間よ？　そのうち2か月を無為《むい》に過ごすハメになったんだぜ。しかも加害者がいないから、どこに八つあたりすればいいかわからないぐらいの仕打ちだよ、まったく（怒）。

研究業、やめようかな……

しかも、琉球大学（**図2**）が再開して研究室に入れても、コロナの影響はずっと襲いかかってきた。まず、ライマー研がシフト制を採用していて、同じシフトの奴以外と接触できない。だから、研究談義が進まないだけでなく、設備や機器の使用方法すらも満足に教わることができない。それすなわち、6月になってラボに毎日行けるようになっても、思うように研究を進めることができないのだ。さらに、それ以上に俺を苦しめたのが、沖縄内外での採集の大幅な制限。俺の学振PDのテーマは「テンプライソギンチャクの共進化」だったので、新鮮な生体の入手が不可欠だった。しかし、沖縄のコロナの状況は一向に良くならず、それどころか夏場には二度目の緊急事態宣言が発令される始末。当然県外への採集へは行けず、それどころか沖縄島（沖縄本島）の中ですら、海岸や駐車場《ちゅうしゃじょう》が閉鎖されて採集に出られない。

結果的に俺ができたのは、ラボ内でできて、かつ顕微鏡やミクロトームを使わなくてもよい、標本の観察と簡単な分子実験、そして論文の執筆だけだった。沖縄に来てまで、部屋の中での簡単なラボワークに終始せざるを得なかったのだ。

図２　思い出深い琉球大学。亜熱帯の植物で自然豊かだが、ときどきハブが出て騒ぎになる。

……あれ？　俺、何しに沖縄に来たんだっけ……？

マジメに２０２０年は、本格的に研究を休業するか、悩んでいた。仮にこのとき力を入れていたYouTubeチャンネルがヒットしていたら、俺はYouTuberになっていただろう。だが、俺は腐ることなく、いや、腐ってはいたものの、しぶとく研究を続けた。決して、決してYouTubeのチャンネル登録者の伸びがいまひとつだったからじゃないからね。いいね（圧）。

でも、いまとなってはつくづく、前述の一見〝つまらない〟標本作業や論文執筆を続けていてよかったと思っている。このときの地味な作業の積み重ねが、のちの大輪の花につながっていくのだから！

新種のイソギンチャク、よろずの記載！

おかげさまで、コロナ禍の影響で内勤の時間がたっぷりあったため、論文執筆は進みに進んだ。博士課程で、俺はメインテーマのムシモドキギンチャク類・カワリギンチャク類のみならず、いろんなイソギンチャクを多角的に分析してデータを取っていた。それどころか、博士論文の一章を執筆する過程で、それらの記載論文のベースとなる、種の特徴を説明する文章をすでに書いていた。つまるところ、論文にするには、あとはそれをジャーナルの指定する形式にそろえればOKだったんだよね。

ポスドクの間に出した論文の中で、思い出深い種を2種ほど紹介しよう。

一つ目は、「ヘラクレスノコンボウ（棍棒《こんぼう》）」と名付けたイソギンチャク（イソギンチャク図鑑⓬）。アンテナイソギンチャクなどの仲間をコンボウイソギンチャク科というが、それを代表する属であるコンボウイソギンチャク属の新種だ。日本で初めてこの属のイソギンチャクが採集されたという点でもけっこう貴重なんだけど、それ以上にこの種には世界一の点があった。なんと、触手の刺胞の大きさが驚愕の最大273マイクロメートル。繰り返すけど、刺胞というのは一つの細胞なのだ。0・2ミリの細胞って、神経細胞とかを除くと史上最大クラスだよ。こんな発見もちょいちょいできるのが、未知の生物を研究する面白さなんだよね。

ちなみに、このヘラクレスノコンボウの論文を思い立ってから書きあげて投稿するまで、なんと驚愕の2週間。もちろんデータは博士論文執筆の際に取っていたものの、それでも自己最速記録である。論文のタイムアタックで、自分の限界に挑戦したかったんだよね。マジで当時どんだけ暇だったんだか……（笑）

もう一つ、面白いものを紹介しよう。と言っても、今度は複数種だ。大学院時代からの永遠のテーマであるムシモドキギンチャク科の中で、南方系のグループがいる。ナンヨウムシモドキギンチャク属［*Edwardsianthus*］と泉が名付けたその一群の中に、宝石のように美しい触手を持つものが知られていた。本当に、赤、青、緑、紫と派手派手なんだよね。色だけでなく、それぞれの色を持つ標本が世界に1、2個体ずつしか存在しない、宝石以上に貴重な種だったのよ。

博士論文でこの連中を解析したが、そもそもナンヨウムシモドキギンチャク属が当時2種類しか知られていないうえに、こんなにサイズの大きな種の記録はなかった。よって、赤い種をルビームシモドキギンチャク、青い種をサファイアムシモドキギンチャク、緑はエメラルドムシモドキギンチャク、紫はアメジストムシモドキギンチャクという名前で新種記載した（イソギンチャク図鑑⓭）。俺がポケモン世代であることが如実《にょじつ》に表れている。

この論文で一番大変だったのは、共著者とのバトルだったりする。早く論文を出したい俺と、論文を完璧にしたい共著者との間で、だいぶ喧嘩した記憶があるな。俺は、論文は速攻で出すことこそ肝腎《かんじん》だと、いまもなお確信している。

壮大な旅 ～水族館への〝お礼行脚〟～

そんな鬱々とした年が明け、翌2021年。相も変わらず緊急事態宣言が発令されているなか、俺は吹っ切れ、ある壮大な計画を立てたんだよね。

それは……「日本全国、水族館お礼行脚の旅」である。

カワリギンチャクの研究でお世話になっていたのは、前章で出てきた竹島水族館と沖縄美ら海水族館だけではなかった。ほかにも、魚津《うおづ》水族館（富山）、鳥羽水族館（三重）、串本海中公園《くしもとかいちゅう》（和歌山）、西海国立公園九十九島《くじゅうくしま》水族館（長崎）、いおワールドかごしま水族館（鹿児島）から、カワリギンチャク類の標本をご提供いただき、ほかの刺胞動物に広げれば、鶴岡市立加茂《かも》水族館（山形）・アクアマリンふくしま（福島）からも標本をいただいていた。ＮＣＢなどで出逢った知り合いのいる水族館は、さらに多い。せっかく博士号を取得したのだ、この水族館たちにお礼の巡礼がしたい！

そんなこんなで、２０２１年の夏と秋に分けて、２回の全国行脚を計画し、実行に移した（**図3**）。旅路は19日間の西日本編と、18日間の東日本編に分かれる。２０２１年のほかの旅や採集も合わせると、この年になんと47都道府県、全部通っていることになるんだよね。コロナ禍によくこんだけできたなと、いまになって思う。

この旅行だけで紀行本が一冊書けるほどなんだけど、今回はその中でも、標本提供に対するお礼行脚に焦点をあてようか。訪問先のうちの一部にはなるのだけど、水族館巡りの様子をダイジェストでお送りする。

①いおワールドかごしま水族館

鹿児島の埠頭《ふとう》にある、南九州最大の水族館。ジンベエザメを展示している水族館として有名だが、南方の生物ならサンゴ礁《しょう》からマングローブまで、何でもござれの総合水族館だ。

クラゲや深海のコーナーもあり、刺胞動物展示も充実《じゅうじつ》していて、NCBに毎回いらっしゃる飼育員さんもいる。泉はこの水族館から、鹿児島県の甑島《こしきしま》沖で採れたという前章登場のヨツバカワリギンチャクの標本を提供してもらった。博士論文のお礼をさせていただいたが、コロナ感染拡大の影響でロビーで飼育員さんとしゃべったのみだった。

②西海国立公園九十九島水族館

「東の松島、西の九十九島」と呼ばれる、多数の島がある景勝地《けいしょうち》。そこに、この水族館がある。地元の生物にこだわり、展示するクラゲの種数《しゅすう》は西日本有数の規模を誇る。この水族館の飼育員とも最初はNCBで知り合い、その後、地元で採集されたオオカワリギンチャクを提供していただいた。なお、こちらもお礼はロビーでの一言二言となってしまった。コロナ禍め……。

③串本海中公園

本州最南端の和歌山県潮岬《しおのみさき》のたもとに、海中展望塔を付設した水族館がある。串本海中公園だ。かつて、紀伊《きい》浦神《うらがみ》という場所で刺し網（海底にカーテンのように網を張る漁法）に引っかかった種々のカワリギンチャク類を標本としていただいたので、ぜひともそのお

図3　2021年、水族館巡礼旅。コロナ禍の中で計37日間も全国を渡り歩いたが、感染してないから結果オーライ（なのか？）。

礼に伺いたかったのだ。しかし、担当者の連絡先がわからなかったので、「いらっしゃいますか？」と窓口で呼び出してご挨拶。アポなしで突撃したのは竹島水族館以来。若干不躾《ぶしつけ》だが、こういう行動力が俺のバイタリティーの源である。

ちなみにその担当者の方、いまは黒潮生物研究所（高知県大月町）に移籍して伊勢さんの同僚となっている。世間は狭い。

④魚津水族館

富山にある、日本で最も歴史の深い水族館の一つ。季節もののホタルイカの展示など、地元の海の展示が光る（ホタルイカだけに）。当時、富山湾でしか見られなかったアバタカワリギンチャクを寄贈いただいたため、そのお礼と報告に。なお、魚津水族館さんに到着する頃、全国で奴の感染爆発が起きており、閉館中にお邪魔《じゃま》させていただくことになった。ご迷惑をおかけいたしました……。

⑤アクアマリンふくしま

福島県いわき市にある、潮目の海をテーマにした水族館。潮目の海だけに、寒流域から暖流域まで非常に幅広い生物を扱っている。俺の知り合いの飼育員さんは地元福島の海と寒流域の担当だったので、非常に貴重な寒流域のイソギンチャクの標本が手に入った。さらに、俺が訪問したときには「クラゲイソギンチャク」という超貴重な種がいて、俺も初めて見た。

ちなみに、せっかく提供していただいた標本だが、いかんせん泉が非常に苦手な分類群なので、結果がぜんぜん出ていない……。本当に申し訳なく、忸怩《じくじ》たる思いである。提供していただいたヨウサイイソギンチャク（イソギンチャク図鑑⑰）で、すこしでも早く結果を出さないと！

⑥鶴岡市立加茂水族館

もはやイソギンチャク標本ですらないが、色々といただいていたので特別に紹介。

山形にある「世界一のクラゲの水族館」。展示種数はつねに50種を超え、飼育員さんみずから採集に行く徹底っぷり。泉も何種類もの標本をいただいている。

ここの奥泉《おくいずみ》和也《かずや》館長は、一見強面だが非常に気さくな方であり、俺が「行っていいっすか？」とメッセージを送ると「腹減らして来い、ラーメン食いに行くぞ！」と返してくれる仲。今回の訪問のときも、とっておきのラーメン大盛りをご馳走《ちそう》してくれたうえ、後述の就職に関してとても喜んでいただいた。クラゲ研究で早く恩返ししなければ！

さらに、鳥羽や竹島などにもお礼訪問をして、そのほかにも知り合いのいる水族館にご挨拶、さらには新たな水族館への伝手を開拓するなど、盛りだくさんの旅だった。これ以外にも、2021年だけで総計50日も全国を旅し、50館の水族館に行っているしね。

やっぱり、俺ほどになると、趣味と仕事の境目が曖昧になってくる。これぞ、Dr.クラゲさんヴァージョンの「好きなことで、生きていく」だな。

沖縄を脱出せよ！ やってきた〝就活〟

さて、この世の春のような学振PDにも、残念ながら3年間の任期がある。3年間経つと、強制的にクビになり、無職に戻るというわけだ。ライマーさんは「任期切れたら置いてやるよ！」と心強いことを言ってくれたが、やっぱり研究者も手に職。俺も就職先を探さなければならない。

そういえば、「研究者の就活ってどんなもの？」という方も多いだろう。たしかに、リクルートスーツ着て企業説明会出て、エントリーシート書いて、OB訪問してインターン行って、フレックスタイム制の総合職目指してお祈りメールもらって、みたいな一般の就活※とは一切違うので、経験をもとに説明してみるね。

まず、俺らの「ポスト」、つまり職を探すには、それ専用のサイトを見る。主に「JREC-IN」というサイトなんだけど、ここでは全国の大学、研究機関、および一部の民間企業の出す募集が、一括《いっかつ》で検索できるようになっている。この募集、通称〝公募〟において、自分で「これは！」というものを炙《あぶ》り出し、応募方法に従って各機関に応募していくというわけだ。ただ、分野があっていれば何でもいいわけではなく、たとえばポスドクが教授のポストに応募しても採用される可能性はほぼゼロなので、自分の身の丈に合った公募に応募することが大事になる。

基本的に、一次選考は書類選考。指示された書類を一式、紙・もしくは電子データで送ることになる。ここで、「代表業績」として自身を代表する論文を5本前後、添付にて送る

※一般の就活をしたことは一ミリたりともないので、知っている単語全部を適当に並べてみただけ。マジで知らないので、学生に就活の質問をされても、99・99％「知らん。就職課行け」と命じるような、隔世の感のある教員である。

から、論文は多数出しておくべきだし、その中で代表的な業績を選定しておいた方がいいのだ。

そしてその先、二次選考で大抵、面接試験。口頭試問である場合もあれば、「模擬《もぎ》講義」という短時間の講義を披露するような選考を課す大学もある。これはどちらかといえば、講義を重視する大学に多い。どちらにせよここで、学部長や学科長とかのお偉いさんと対面することになるから、相手の立場に緊張しやすい人は注意だ。

そして、最終的に向こうのお眼鏡にかなった人に、電話やメールが入って内（々）定となる、といった流れだ。書類からの面接という流れは大まかには民間就職と変わらんのだろうが、書類の内容も面接で聞かれることも全然違う。

現代の公募には「ポスト不足」「任期切り」「縁故有利疑惑」「出来レース公募」などのあまりに闇の深い問題が山積しているのだが、すべてを語るスペースがない以前に、あんまりしゃべると俺がどっかから消されかねないので、ここまでにしておきます（笑）。

公募の必勝法は「ライバルを印象から消す」!?

さて、本書ではもうお馴染みの、「一般論→泉の場合」という流れである。もう飽《あ》きた？　多分これが最後だからお付き合い願おう。

俺が現職の福山大学の公募を見つけたのは、２０２１年の9月中旬。その日は、四国の調査を終え、その足で東京に移動して翌々日から小笠原調査という、弾丸ツアーの真っただ中だった。JREC-INのキーワードに「海洋生物」と入力して、何の気なしに検索してみた結果……「福山大学・海洋生物科学科・准教授または講師」の公募があった。ふむふむ、アクアリウム科学分野の教員として、飼育や採集を中心とした研究・教育活動をしてほしい、と。

これ、まさに俺のための公募じゃねえか！　しかも、途中で審査があるものの、それに通れば任期なし（パーマネント）のポジションに就けるってよ。なんだ、めっちゃいいじゃん！

そう思って、小笠原出発の前日に必死で書類を準備した。あまりに急だったため、卒業証明の代わりとして、実家から卒業証書を送ってもらった。なんたる間に合わせ。しかも、小笠原出発の朝に書類を詰め込んで、挨拶状すら入れずに福山大学に書留で送る始末。おがさわら丸の出発する竹芝桟橋《たけしばさんばし》に、郵便局があってよかった。さすがに小笠原からは送れないからね。

ちなみに当時、福山大学に関して俺が知っていたことは「附属の水族館がある」[※1]という、水族館マニアの情報のみ。所在地も偏差値も出身者も、なんなら中にいる先生も、一ミリも知らんし、興味もありませんでした。


ただ、ポスドクの俺にとって、講師への応募はけっこうなチャレンジであった……。というのも、大学の講師というのは言うなれば〝准教授見習い〟であり、基本的には講義をしながらPI（研究責任者）として研究室を持つような、一人前の立場なのよ。[※2]で、講師の下にあるポジションに「助教」があるんだけど、こっちはおもに実習の世話や院生の手伝いをする立場で、講義や配属の院生がないのが普通。要するにまだ〝兵隊長〟程度の扱いなんだわ（ただし、助教がラボを持つ大学もあるので注意）。つまり、博士の新人は、ポスドクのあとに30代で助教での指導経験を経て、40代ぐらいで初めて講師や准教授になるのが一般的なんだ。言いかえれば、いきなり〝将〟になる講師の公募に、30前の若造が応募するのは若干高望みってわけ。

だから、下手したら書類選考で一瞬で落とされるかと思ったんだけど、幸いにもあっさり面接へ。当時はコロナ禍だからオンラインでの模擬講義ということになったんだけど、指定された面接日は前述の水族館お礼参り（東日本編）の真っ最中。出先での面接という設定にして、旭川のホテルで上だけスーツ着てね。自慢じゃねえが、この宿のWi-Fiの接続状況だけは事前に調べまくったわ。で、模擬授業でもダメ元で目立とうと思って、15分間の講義の中にボケを5か所ほど入れて、しかも島唄まで歌った。公募の模擬講義の中で歌を歌った奴、全国広しといえど俺ぐらいだと思うよ（笑）。

そんな感じで質疑応答でもときどきふざけ倒し、まあ高望みだろうな、と思って面接を終えたその翌日。滞在先の洞爺湖《とうやこ》のホテルでぼーっと花火を見ていたら、いきなり向こうの学部長から電話が。そしていきなりこう告げられた。

※1　福山大学には、瀬戸内海に浮かぶ因島《いんのしま》に「マリンバイオセンター水族館」という水族館施設がある。ここで、学生が展示や飼育を通して卒業研究を行っているのだ。大学附属の水族館施設を常設で公開しているのは、意外にも福山大学と京都大学しかない（臨時で公開するのをふくめても、あと東海大学と北里大学ぐらいか）。そういう意味で、水族館マニアの多くにすら認知されていない小さな水族館なんだけど、かなり貴重なんだよね。

※2　大学で〝講師〟と名のつく職には、二つある。一つは、本文で説明した、大学の職員であるPIの講師。もう一つ、「非常勤講師」というものがあり、こちらは講義や実習を行うためだけに雇《やと》われる、研究室を持たないパートタイムの先生だ。ポスドクでもなれるから、俺も琉球大学で、バイトで実習の非常勤講師をしていた経験がある。この二つが同じ呼び名を共有しているため、俺らPIの講師は「専任講師」「常勤講師」などと自称することが多い。どちらにせよ、ややこしいから改称してくんねえかな。

「お前を講師として取ろうと思うんだけど、ちゃんと来てくれるよね？　ほかの人に断りのメール出さなきゃいけないから」

めっちゃあっさり、職が決まっちまったんだよね。学振ＰＤ2年目の秋のことだった。その夜の洞爺湖の湖面に打ちあがる花火は、めっちゃきれいに見えた。電話口の学部長にも、花火の音が聞こえていただろう。「いったいこいつは、いまどこにいるんだ!?」って感じだったんじゃないかね（もう11月でした）。

それにしても、福山大学はなんで当時30の若造を、講師に採用してくれたんだろうか。赴任後、学部長にそれとなく聞いてみたことがある。当然、選考基準みたいなのは人事マターで言えない、とけんもほろろだったが、一言、ぼそっとこぼしてくれた。

「いやもうね、君以外、印象から消えてたよ」

どうやら、公募も学会と同じ、印象に残ったもの勝ちなんだね。

弱冠三十路の専任講師誕生！

講師の職が決まったことは、たしかに赤飯炊《た》くほどめでたいのだが、それはドクター・ライマーの下にいられる時間があとすこししかないことを意味する。部屋の引き払いを行いつつ、俺はなるべくライマー師から色々吸収しようと、サボり魔な体に鞭《むち》打って久々に頑張った。たとえば、2021年だけで四国・慶良間《けらま》・西表《いりおもて》・小笠原などに一緒に採集に行き、英語や環境DNAの技術を〝盗む〟ために過去最高にストイックに打ち込んだんだよな。おかげさまで、少なくともライマー研、通称「MISE」と呼ばれるラボの歴代メンバーに数えられるぐらいにはなったと思われる。本当にコロナ禍で、メンバーのようでメンバーでないような、微妙な距離感になってしまったからな。2年という短い間、しかもイレギュラーな時期だったが、俺には沖縄にも帰る場所ができた。ライマー研で学ばせていただいた経験、忘れることはねえだろう。

そんな思い出や感傷に浸《ひた》る暇もなく、2022年4月、俺は福山大学に赴任した。福山大学では、着任して早々に一つのラボを主宰することを命じられた。それはつまり、PI、つまり研究責任者になったということだ。若干三〇にして、上官のいない一国一城の主《あるじ》の誕生である。

Dr.クラゲさんのラボ名は、いままで在籍していた研究室名を参考に「海洋系統分類学研究室」と称した。海の生物において系統分類を生業《なりわい》とするのだ、ストレートなようでちょっと俺のカラーが入っている、良いネーミングができたと思っている。さあ、これからこの城を舞台に、腰を落ち着けて研究できる時間が来るんだ――あとで考えればつくづく甘かったのだが、その頃は本気で、そう思っていた。

「面倒見の良さ」の洗礼

我が愛しの福山大学（**図4**）は、学生の面倒見が非常に良い。これを聞いて、皆どう思う？　学生の養成において、非常にいい大学？　たしかにそうだ。しかし考えてみてほしい。学生の面倒見てんの、いったい誰なんだろうね？

そう、賢明な読者の皆さまならおわかりだろう。こういう場合、「面倒見」の負担、俺ら現場の研究者に全部来てるんだよね。そもそも担任制ってのがあり、ラボの配属生以外にも40人弱の面倒を見る上、低迷する学生の成績は管理しなきゃならないし、レポート提出しない奴にリマインダー送らなきゃいけないし、それでもやらない奴がいると保護者に連絡取らなきゃいけねえ。ここは小学校かよ！　って、赴任時マジで思ってたわ。※

図4　我が愛しの福山大学。実はキャンパスの半分は尾道市にあり、尾道在住の泉は尾道市から全く出ない日もある。

俺は赴任当初から、「面倒見は最低限しかしないぞ」「ラボの優先順位は、一に俺の研究、二が俺の趣味、三四はなくて五がお前らだ」と隠すことなく宣言し、受け持ちの学生に強烈に自主自律をうながしているので、まだ研究の時間がある。しかし、かいがいしい世話焼きタイプの先生は本当に悲惨で、学校業務に加えて学生の世話に明け暮れている。いや、それで論文もバリバリ出せればいいんだけど、結果はお察しの同僚が多い。

※ただ、周りの研究者に聞いたところ、最近はこうやって、担任制を敷いたり、保護者と教員と学生が成績や就職の関係で三者面談したりとかいう大学、けっこう多いらしいね。学生の頃そんなのなかったと思うが、時代上仕方ないんだろうかな。そもそも成人を超えた奴らに何やってんだろ、とはふと思うことがあるけど。

これが新聞やネットで言われる、現代の研究者の姿か……。ちょっと身につまされる。赴任時の研修、講義や入試監督《かんとく》などの業務に加え、この面倒見の良さのおかげで、さすがの俺でも1年目はほとんど仕事が進まなかった。合間にちょいちょい標本収集や水族館での仕事はしていたものの、切片の作成や刺胞の分析なんか1年近くやれなかったため、だいぶ腕が落ちた始末だ。断っておくが、福山大学は幸いにも研究費の支給は比較的あるし、大学の指示があるわけでもなく好きな研究ができる、けっこういい環境なのだ。それだけに、この時間のロスが玉《たま》に瑕《きず》、実に惜しい。

これから公募に応募する奴へ、先達からアドバイス。「面倒見のいい大学です」「学生の世話が手厚いです」とか言ってる大学に応募するときは要注意な。たいてい、内部の教員の雑務がやたら多いってことだから。まあ、研究者側がそんな選り好みができるほど、現代の公募戦線は甘くないんだけども。

研究の蓄積は、嘘をつかない

そんな時間的苦境のなか俺を救ったのは、やはり過去の蓄積だった。博士課程やポスドクのときに分析作業してデータを取って、そのままになっていた仕事がいくつもあったんだよね。本来、放り出した仕事は誇れることじゃないんだけど……このときばかりは、この〝やり残し〟に感謝することになる。あと執筆だけ、という秒読みの成果があるということは、論文の作成ペースを落とさないようにできるということで（それでも多忙にて多少落ちたけど）、標本の処理をできない状態のデスクワーカーにはありがたい。

そんな風に、俺が進めた仕事を一つ紹介しよう。ふたたび、沖縄美ら海水族館のサンプルを使った研究成果である。

実は、チュラウミカワリギンチャクを固定するとき、ついでのごとくもう一種、東地さんから託《たく》されていた個体があるんだ。それは、チュラウミカワリギンチャクと同様にROVにより採集された、大型の深海性イソギンチャク。イワホリイソギンチャク科（もしくはマミレイソギンチャク科）というグループに属する種で、直径はチュラウミカワリギンチャクをも超える30センチほどにまで広がる。色は非常に毒々しい赤黒い色で、96本の触手の先は球状に発達し、ときに二つ、三つに枝分かれした多頭状になる。そのおどろおどろしい見た目にたがわず毒性は強烈で、飼育員さんが刺されて入院したこともあるとか。

俺はイワホリイソギンチャク科を扱ったことはなかったのだが、このイソギンチャクを未記載種と突き止めるのは、割合に簡単だった。だって、いままで見つかっているこの科のイソギンチャクと比較にならないほどでかいんだもん。この科の最大種の3倍以上のサイズなんだから！　しかも、イワホリイソギンチャク科はみんな浅い海に棲むのに対し、この種だけ深海に棲む。こりゃもう、未記載種と決め打ちしても問題あるまい。そんな感じで、業務の片隅でサクサクと論文作成・投稿が進み、受理までこぎつけた。

そしてこだわりの命名だが、学名は「深海の巨人」というような意味を持つ「*Telmatactis profundigigantica*」。イワホリイソギンチャク類の中で唯一深海に棲み、一際でかいことを同時に表した。そして和名は、「リュウグウノゴテン（竜宮の御殿）」とした（イソギンチャク図鑑⓲）。沖縄には、名産の赤瓦《あかがわら》を屋根に敷き詰めた、立派な御殿のような建物がそこかしこにある。沖縄美ら海水族館からの帰りのドライブ中にそんな赤瓦の御殿を見つけて、「お、あのイソギンチャクじゃん！」というインスピレーションで即決したのが、この和名だ。一見気の利いた名前ほど、意外なほどノリで決まっているもんなんだよね。テンプラとかテンプラとか。

この種もチュラウミカワリギンチャク同様、福山大学と沖縄美ら海水族館との同時プレスリリースで世に送り出した。美ら海の深海のコーナーで、また名物になっているらしい。

人脈が生んだ、異分野交流の結晶

　俺は一匹狼だから、水族館を除いて自分からはあまり共同研究を振らない。いままで多少におわせてきたが、共著論文で共著者とバトったことなんか数知れずだからね。だが、プロの職業研究者になってくると、他人から共同研究に誘《さそ》われることは多々ある。知り合いが少ないわりに人からは驚くほど認知されているらしいからね、この泉。ときにその線からも、非常に大きな共同研究の成果が生まれることがある。

　あれは、2019年ごろだったか。京都大学瀬戸臨海実験所にいた吉川晟弘《よしかわあきひろ》という一つ下の大学院生から、「ヤドカリのイソギンチャク詳しいですか?」と聞かれた。この吉川は、大学院ではヤドカリの生態学を専攻するいわば異分野の学生だった。ヤドカリの貝殻に付着して棲息するタイプのイソギンチャクが何種かいるんだけど、俺は正直、まったく詳しくなかった。だからいつものごとく柳さんに丸投げ、もとい、勧めておいたのだが、吉川曰く、ぜひ泉にも研究に入ってほしいという。ここまで言われてイモ引いちゃ、男の名が廃《すた》るってわけよ。ということで、体《てい》よく奴の研究に巻き込まれたのだが、このイソギンチャクが正直、めっちゃ面白い種だったんだよね。

ヒメキンカライソギンチャク（イソギンチャク図鑑⑲）と呼ばれるこの種（詳細は割愛するけど、先に図鑑で和名だけついていた）は、ジンゴロウヤドカリの背負う殻に共生する。ヤドカリの殻になんで住み着くイソギンチャクがいるの？　と思われるだろうが、おもに天敵のタコ対策に、一部の種のヤドカリが好んで自分の宿である貝殻にイソギンチャクを載せるのだ。※　しかし、このヒメキンカライソギンチャクに関しては、ただ殻の上に載っているだけじゃない。なんと、自身の体の分泌物で、ヤドカリの成長に合わせて、その宿である巻貝を〝増築していく〟のだ。信じられるか？　あの柔らかいイソギンチャクが、殻を造るんだぜ？　こんな生態を持つイソギンチャク、世界でもほとんど知られていない！

泉が論文において新種の特徴の記載の一部および分子系統解析を担当し、吉川がメインの形態的分析と生態学の解析を行った共同戦線。そのため、俺だけでは決してできないような、すさまじく多角的な視点からイソギンチャクを分析した論文となった。そして、新種記載ということで、学名を決めるのだが、吉川の提案で、「カルシファー *calcifer*」という学名をつけようということになった。カルシファーは、ジブリの映画『ハウルの動く城』を知っている人なら覚えがあるだろう。あれには『魔法使いハウルと火の悪魔』という原作があって、小説内に出てくる火の悪魔カルシファーは魔法使いと契約《けいやく》して城を管理する役回りなのだそうだ。このイソギンチャクの燃えるような真っ赤な体色も相《あい》まって、火の悪魔の名前をつけた新種、「*stylobates calcifer*」として、この世にデビューさせたというわけだ。

この吉川とは、そのあともいろんなヤドカリのイソギンチャクについて、共同研究をさせてもらっている。研究仲間の枠《わく》を超え、いまや立派な俺の盟友といえるだろう。奴はなかなかに策士で、俺をおだててその気にさせるのがめっちゃ上手いのよ。だから研究が進む進む。「豚もおだてりゃ木に登る、泉もおだてりゃ論文書く」ってか。俺って単純。

カワリギンチャク研究の総決算へ

なんか、ひたすら細かい成果自慢になってきたので（もっとも、この本の趣旨が全部俺

※皆さんご存じのタコって、かなり獰猛《どうもう》でなんでも食っちまうような捕食者なんだけど、意外や意外、水の汚れとか化学物質とかのあらゆる刺激に弱い生物でもあるんだよね。飼育水槽の魚病薬《ぎょびょうやく》の残り香で死んだりとか、繊細《せんさい》過ぎて健康を維持するのが難しい。だから、襲おうとしたヤドカリがイソギンチャクを載せていると、刺胞に刺されるのをすごく嫌がって襲ってこないんです。

の成果自慢だけどな)、ここからは福山大学に就いてからの最大の成果について、取り上げてみよう。といっても、まずはこの話は、博士課程の頃にさかのぼる。

博士課程のとき、チュラウミカワリギンチャクの成果を上げたのは、すでに自慢したとおり。しかし、東大の博士論文は、そんな1種の記載だけでは博士課程の成果と認めてもらえないことも、もうご存じだろう。

皆さま覚えているかな? 俺は博士課程の頃から、一つの巨大なテーマに挑んでいたことを。そう、「ヤツバカワリギンチャク上科の進化系統を、丸ごと解き明かしてしまおう!」というものだ。※

前章の復習と行こう、くどかったらごめんな。カワリギンチャク類は、「ヤツバカワリギンチャク上科」に分類されるイソギンチャクを指す総称である。このグループには、「カワリギンチャク科」と「ヤツバカワリギンチャク科」のみが属しているから、必然的にカワリギンチャク類はこの2科のどっちかに入るということだ。そんなカワリギンチャク類、日本周辺で多種多様な種が採集されるということを説明したと思う。これ、裏を返せば「カワリギンチャク類は外国人が研究しにくい」ということだ。明治時代にヨーロッパに持ち帰られた標本ならいざ知らず、DNAが残っているような新鮮な標本は非常に手に入りにくいんだからね。実際、アメリカほか世界中のイソギンチャクの大御所が集結した稀代の分子系統解析の研究があったんだけど（第3章参照）、その先行研究にすら、ふくまれたカワリギンチャク類は4種だけだった。

つまり、俺の博士課程の研究にて収集したカワリギンチャク類、すなわち日本固有種はおろか〝固有属〟までもふくむ標本たちのDNAを片っ端から解読すれば、先行研究など比較にならないほどの新規性を得られるんじゃないか。形態から判明した種の数も結果的には11種にとどまったし、博士課程で解析するには一番いい塩梅の規模となったわけだ。

一つの上科を丸ごと整理するという大仕事。本来こんなの、一介の大学院生にとっては〝壮大すぎる〟テーマなのだが、わりと小ぢんまりとした分類群で、日本の地の利が最高なヤツバカワリギンチャク上科ではそれが可能だったのだ。つくづくいい塩梅のテーマを見

※「日本近海の種だけで、ヤツバカワリギンチャク上科全体の系統解析ができるの？　世界中から標本収集しないといけなくね？」という疑り深い、もとい勉強熱心な読者の方もいらっしゃるだろう。実は、これができてしまうんだな。

というのも、日本はカワリギンチャク類の種数が多いだけでなく、ヤツバカワリギンチャク科の4属全てが棲息していて、しかもこのうち2属が他の国では採れていない〝日本固有属〟。そしてカワリギンチャク科も2属のうちメジャーな方の属が採集されている。すなわち、6分の5の属は日本周辺で採れるから、グループほぼ全体の解析と言って過言じゃないんだよね。なんという素晴らしい〝地の利〟であることか！

つけたものだよ。

まあ、俺はそれに加えてムシモドキギンチャク上科の分類体系もDNAを駆使して整理し、さらにそれ以上のランクである「変型イソギンチャク亜目」全体も解析し、その進化の道筋を世界で初めて論じたのにもかかわらず、博士審査で落とされかけたんだけどな（コラム③参照）。つくづく審査員のエベレスト並みの要求の高さには驚かされましたよ、ええ（まだ言うか）。

分子系統解析 〜〝他人の空似〟を排除せよ〜

本書でも何度も出てくるし、世間でもよく聞くであろう、DNAの解析。しかし、「実際に何をやるの？　何の意味があるの？」と思う人も多いだろう。

たとえば、俺がいきなり「イルカもマグロも、ヒレがあって泳ぐから同じグループだよね！」と言ったらどう思う？　お前、頭がおかしくなった？　ってな感じだよね。イルカは哺乳類、マグロは魚類と相場が決まっているからだ。しかし、いまの世の中の分類群には、極論「イルカとマグロをひとまとめにしている」ような狂ったものが、山ほどあるのだ。見た目の特徴に惑わされて、生物の本来の進化を正しくたどれていないんだよね。そこで、DNAの出番というわけだ。DNAの塩基配列※は、見かけの収斂《しゅうれん》（イルカとマグロのヒレが、結果的によく似通うような現象をイメージしてくれ）が起こらないので、正しく生物の進化の道筋をたどれるんだわ。

DNAの解析は、非常に大まかに書くと、こんな感じで行われる。

ほら、イソギンチャクの標本化を説明したとき、一部だけ切り取ってアルコールで保存したじゃない？　まず、そのサンプルを特殊な薬品でドロッドロに溶かして、DNAを液体の中に抽出《ちゅうしゅつ》し、それをPCRという反応にかけ、大量に増やすのだ。PCRは検査の名前として、コロナ禍で聞いたことあるよな？　あの手法は、微量なDNAでも大量に増幅

※生物のDNAって、端的にいうと〝体の設計図を示した暗号の巻物〟なんだけど、その暗号はたった四つ、A・T・G・Cの「塩基」と呼ばれる物質の並び方で記録されているんだよね。コンピューターが0と1だけの二進法で処理しているみたいなイメージかな。で、この配列は生物の進化を反映している。たとえば、哺乳類のイルカと魚類のマグロではぜんぜん違い、むしろイルカはウシやヒトと配列が近くなる。だから、我々はこれを解析するってわけ。

して解析できる有用な方法だから、我々の実験でもよく使うんだよね。その後、「シーケンス」という作業で、塩基の並びを解読していく。これが成功して、やっと目的の種のDNAの塩基配列情報が得られるというわけだ。

言葉でいうと単純だけど、手間も金もメチャクチャかかる作業なんだよね。例えば、シーケンス作業に用いる薬品の1つは、1ミリリットルで、な、なんと17万円！　我々のなけなしの研究費、ぼったくってんじゃねえぞ……。そしてPCRからシーケンスまでぶっ通せば、余裕で2日ぐらいは使わされる。大学院生の時代は、ホント日夜無心でやったものだ。

そんな解析の結果出てきたDNAの塩基配列を用いて、コンピューターと格闘しながら「系統樹」という進化の道筋を示した樹形図《じゅけいず》を描く。もうすこし端的にいうと、「塩基配列が近いものを、仲間としてまとめていく」作業をするということだ。より近縁の生物（たとえば、イルカとウシ）であれば、共通の祖先（原始的な哺乳類）から別の種に分かれてから日が浅い。言い換えれば、DNAの変化に要した期間が短い。一方、見た目が似ていようが、イルカと魚類であるマグロは、それよりもはるか昔に、哺乳類の祖先と魚類の祖先に分かれているはずだ。つまり、DNAの変化に要した期間がずーっと長いんだから、より配列が違ってくる。結果として、より縁遠い生物ほど配列に違いが出るのもあたり前だよね？

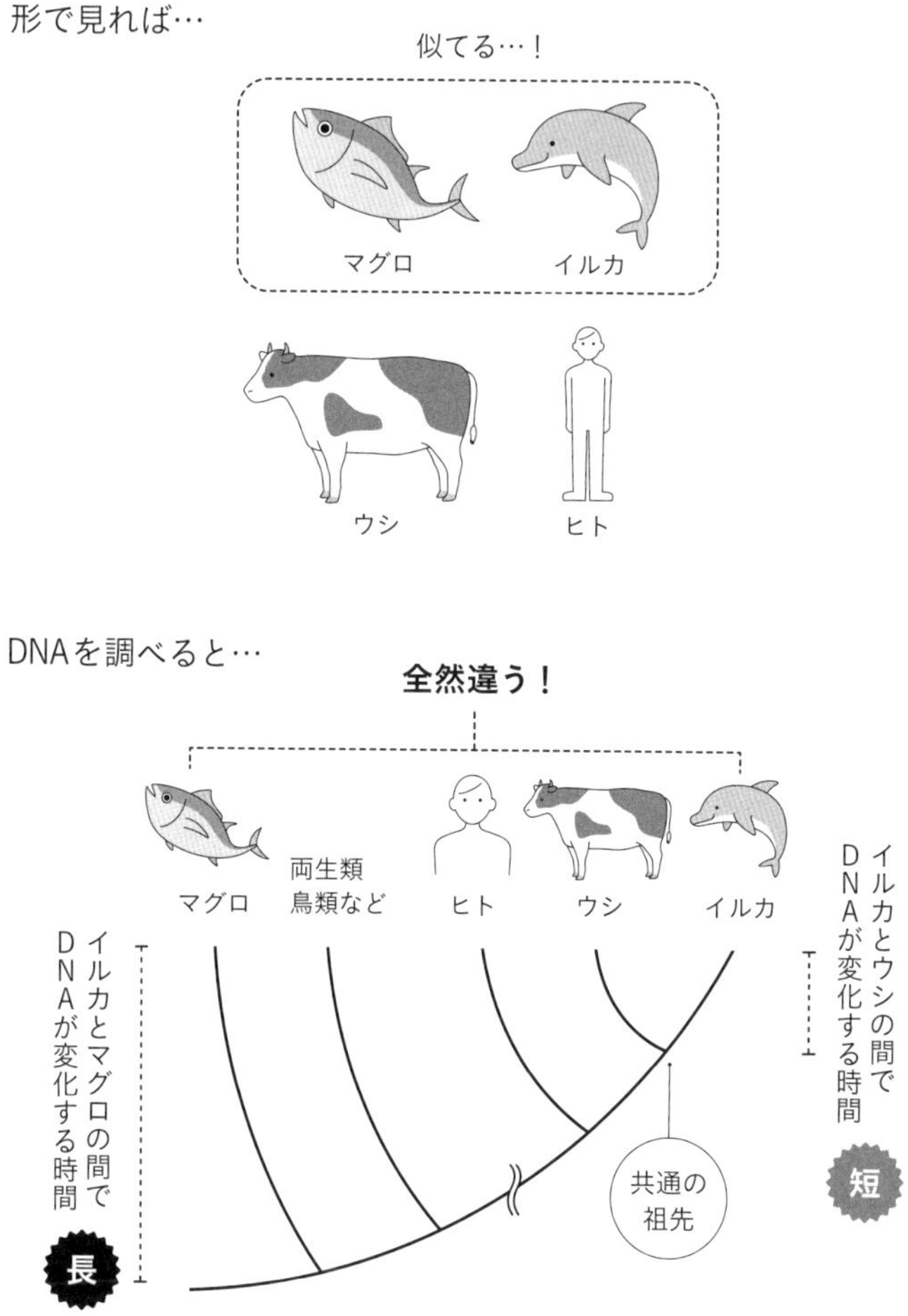

図5　DNAの解析のカラクリ。姿でだまされがちな生物も、DNAを調べると“正しい進化”をたどれるのだ。これはDNAが変化する時間が進化にかかる時間の長さに比例するとされるからで、俗に「分子時計」と呼ばれる。

ちょっと難しいだろうけど、おおむねそんなイメージでよろしい。必要でしたら、いつか俺が生物の進化についてわかりやすく解説した本を書くから、それ買って読んでね（笑）。

そんな草の根運動的な実験を、博士課程から沖縄時代まで継続した末に俺は、日本で採集された11種のカワリギンチャク類すべてのDNAの塩基配列データを取ることに成功した。「データ取ろうにも、DNAがぶっ壊れている……」みたいな例が多いなかで、全種の情報を取れたことは奇跡に等しい。その情報をもとに、進化の系統樹を描いてみたら、とんでもなく驚きの事実が次々と出てきたんだよ！

分類体系に、大鉈《おおなた》を振るえ！

たとえば、チュラウミカワリギンチャクとクローバーカワリギンチャク。この2種のDNAを解析してたら、ヨツバカワリギンチャクと、かなり縁遠いグループだと判明した。それどころか、口盤にひらひらのあるヨツバカワリギンチャクより、それがない別の科のオオカワリギンチャクとかに近縁であるという事実がわかったんだよ。沖縄美ら海水族館

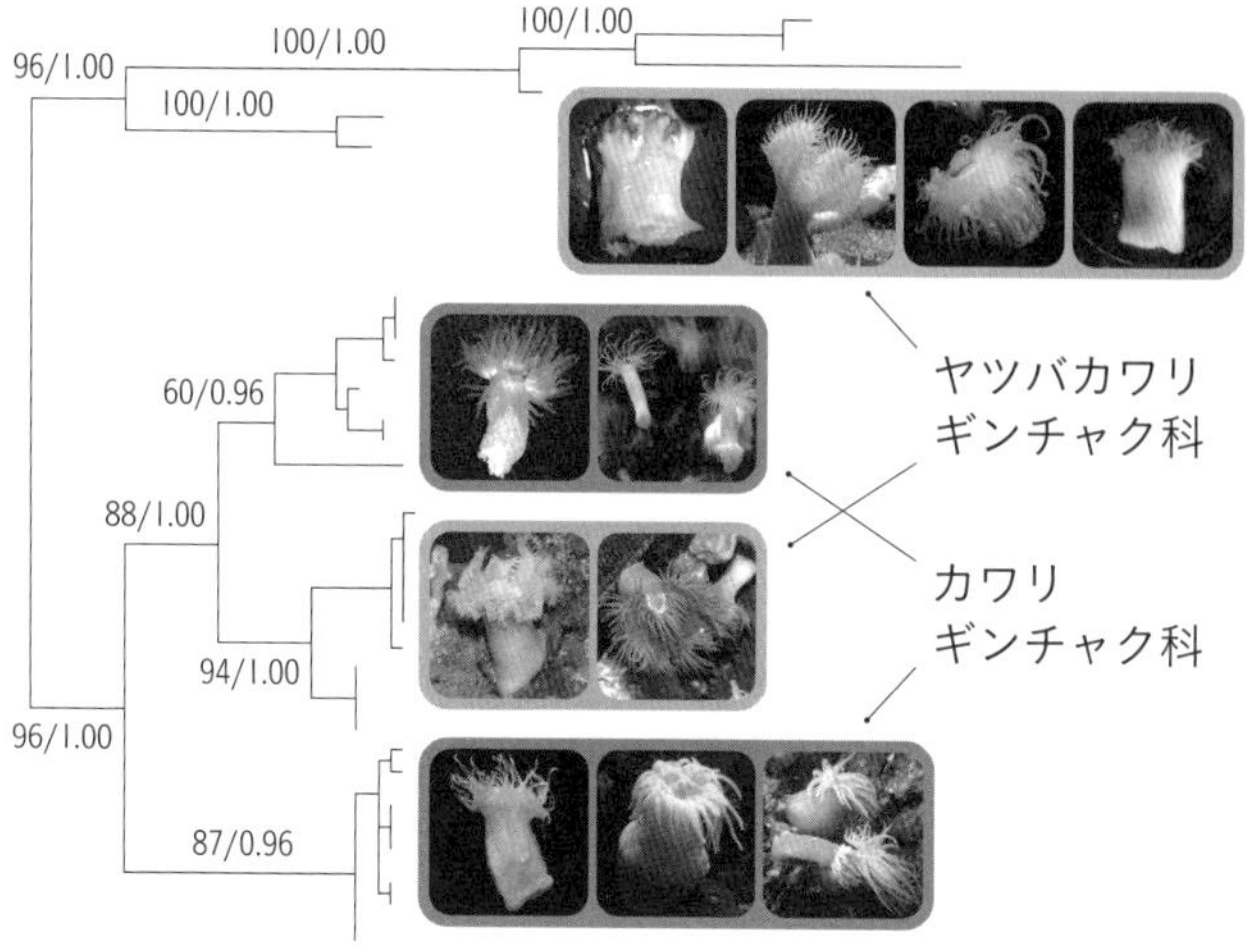

図6　カワリギンチャク類の系統解析の結果。ヤツバカワリギンチャク科も、カワリギンチャク科も、真っ二つに分断されてしまった！
※系統樹上の数字は、「尤度《ゆうど》（百分率）/ブートストラップ値（確率）」。まあ、ごくごく簡単に言えば、“この結果は、どれだけ信用がおけるの？”という、2種類の解析の数値です。この図の場合は、全部信用がおける数値が出ているのです。

で、あんなに「ここに違いはあるか……？」などと散々比較分析したのにね。

　それどころか、**図6**の系統樹で示したように、本来それぞれが一つにまとまるべきヤツバカワリギンチャク科とカワリギンチャク科がそれぞれ別のグループに混在する状況にあることがわかった。従来の分類がいわば〝分断〟されてしまったの。難しい話は避けるけど、一言で言えばこの状況は、非常によろしくない。平たくいうと、科や属というのは、必ず系統樹の上でひと固まりになっていなければいけないんだ。だから、現状は双方の科が〝無効〟な状態にあるのね。

その窮状《きゅうじょう》を打破すべく、俺は一つの新科、および一つの新属を立てる大胆な提案を行った。

ヨツバカワリギンチャク科［Isactinernidae］と名付けた新科は、ヤツバカワリギンチャク科の枠組みにあぶれたヨツバカワリギンチャク、セイタカカワリギンチャクを収めるために、提唱した。

そして新属カワリギンチャクモドキ属［*Isohalcurias*］は、二つに分かれてしまったカワリギンチャク属の、その片割れの名前を変更したもの。「カワリギンチャク」という和名の種が、カワリギンチャク〝モドキ〟属に入るという、前代未聞の遊び※のような整理をしてみた。この辺、遊び心はブレないよね。

さらに、DNAによる分類の整理と合わせて、泉らのチームにはもう一つ、やるべきことがあった。それは、「過去の研究の誤りを清算する」ということであった。

日本から記録されたオオカワリギンチャクとアバタカワリギンチャクの2種類は、なんと「学名のある未記載種」の状態だった。……ここまで読んでくださった読者様ほど「は？」と思う言い回しだわな。だって貴様、論文にて学名をつけることで未記載種から新種になると講釈《こうしゃく》垂れたばっかりじゃねえか、と（決して、読者の皆さまがここまでガラが悪いとは思っておりません。ごめんなさいね）。実は、学名って、ただつければいいってわけじゃないんです。平たくいうと、「同じ論文の中に、学名と、その由来と、タイプ標本の所蔵先と、その種類の記載が全部そろっている状態」が必須なわけ。こうじゃないと、いくら論文で学名を提唱しようが、その学名が〝不適格〟になっちまうんだよね。

で、詳細は割愛するが、オオカワリギンチャクとアバタカワリギンチャクがなぜかずっとこの状態だった。すなわち、学名がついているのにそれが使えないし、種も未記載状態という、死ぬほど面倒な状況ね。記載した当時の著者の先生に、柳さんがメールしてくれたんだけど、音沙汰なし！　ここで、俺はこう思った。「よし、これ幸い！」とね。ちゃんと仁義は切ったんだもん、速攻で有効な学名に変えて、新種記載しちゃおう！

こういったところで〝怖いものなし〟なのが、俺の何よりもの強みである。泉が怖いものなんて、せいぜい美味しい食事と、最高級の紅茶と、あとお金と地位と名誉と……。

※とはいえ「●●という種が●●モドキ類に入る」というのは前例がある。富山湾で有名なあの光るイカであるホタルイカは、「ホタルイカモドキ科」に属しているのだ。経緯は違えど、ややこしい言葉遊びをあえて一つ作ったことになる。この辺の経緯に関してもすごく面白いんだけど、それは俺が分類学の本を書いたときにでもあらためて語りましょうね。

日本のカワリギンチャク類の真相 ~分類の長旅の果てに~

そんな風にして、第3章から扱ってきたカワリギンチャク類に大鉈《おおなた》を振るった結果、日本のカワリギンチャクオールスターは、次のようになった。

- ヤツバカワリギンチャク上科
  - ヤツバカワリギンチャク科
    - ヤツバカワリギンチャク属
      - ヤツバカワリギンチャク
  - **ヨツバカワリギンチャク科**
    - ヨツバカワリギンチャク属
      - ヨツバカワリギンチャク
    - セイタカカワリギンチャク属
      - セイタカカワリギンチャク
      - **コビトセイタカカワリギンチャク**
  - カワリギンチャク科
    - カワリギンチャク属
      - **アバタカワリギンチャク**
      - **イチゴカワリギンチャク**
    - **カワリギンチャクモドキ属**
      - カワリギンチャク
      - **オオカワリギンチャク**

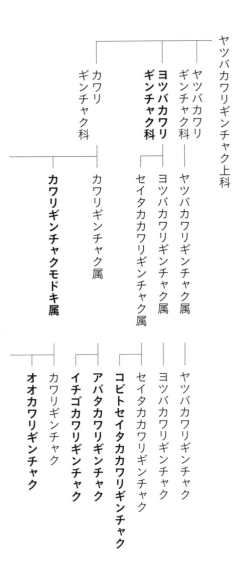

クローバーカワリギンチャク属
- **リンゴカワリギンチャク**
- クローバーカワリギンチャク
- **チュラウミカワリギンチャク**

太字が、俺らが提唱した新科・新属・新種だ（過去に提唱したものをふくむ）。いま見ると、ずいぶん色々発見したんだねえ。**図7**は写真入りの〝ビフォーアフター〟だ。

これだけ壮大な成果だから、さぞかし論文化には苦労した……と思わせて、ほとんどの種の特徴の記載部分は博士論文で原型ができていたので、あのクソ忙しい福山大学の業務の中でも、合間を縫《ぬ》うかたちでわりとすぐに原稿が完成した。とはいえ、今回の記載は驚愕のは1新科1新属4新種なので、短いものが多い分類学の論文にしては異例の34ページもの分量に膨《ふく》れあがった。投稿先のジャーナルは『Diversity』という国際誌。日本ではちょっとマイナーな雑誌だけど、ライマー研OBのイタリア人から「刺胞動物の特集号に記事を投稿しないか？」というお誘いがかかっていたので、このとっておきのネタを投げさせていただいたというわけだ。

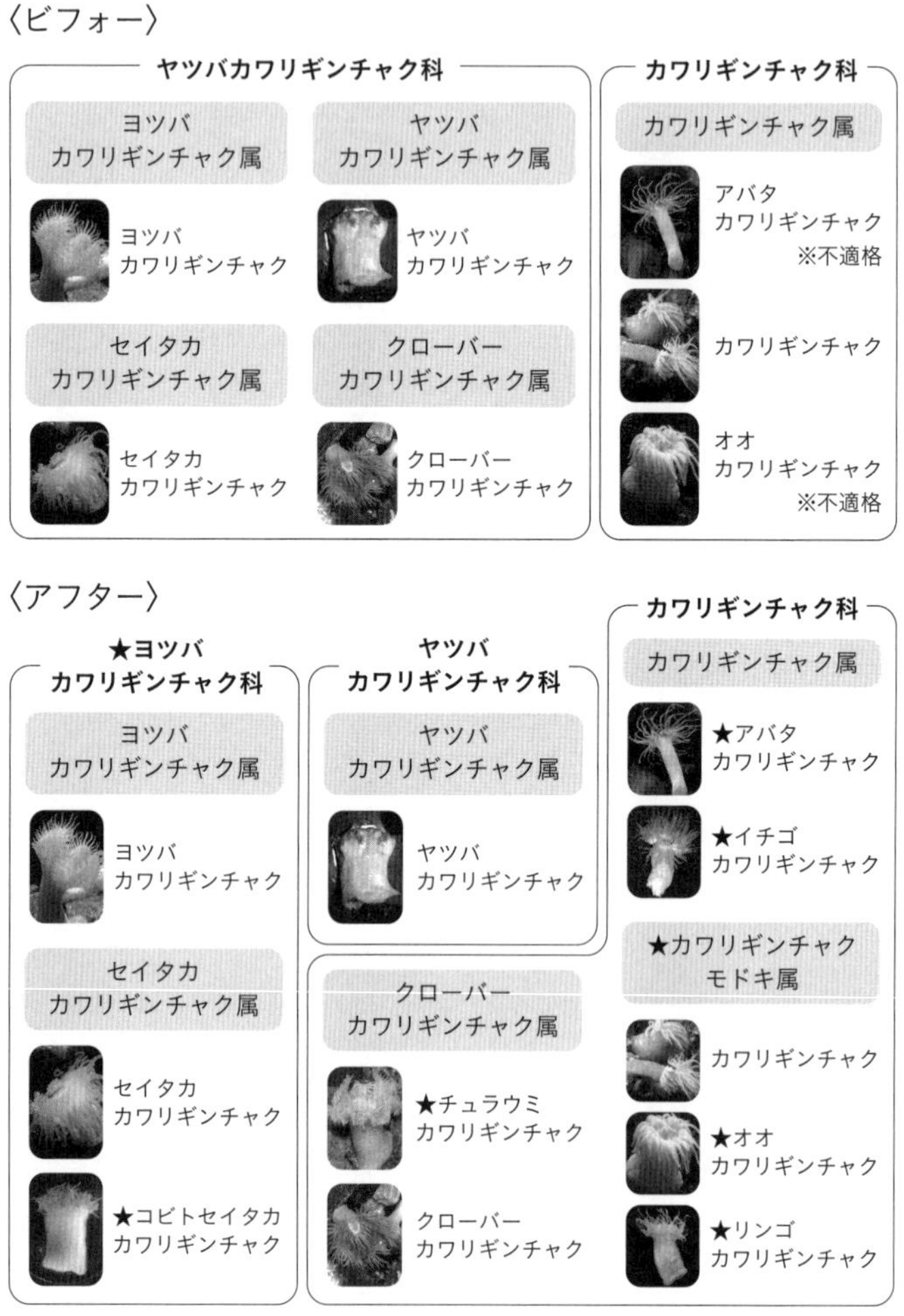

図7　日本産ヤツバカワリギンチャク上科のオールスター。11種のうち、過半数（★印）は泉がつけた名前である。もはや、カワリギンチャク類は俺のものと言っても過言ではない（過言だよ）。

毎度おなじみの査読作業を経たあと、ついにそのときがやってくる。

２０２３年4月某日、ジャーナルからメールが届く。

「あなた方の論文を受理します」

正直飽きるほど見てきた受理通知なのだが、今回はいままでにないような超大作。しかも、この論文の内容は、俺の博士論文の中でも〝三本柱〟と呼んでいたほど重要な部分だったのだ！　それが論文化されることが決定しただけに、年甲斐《としがい》もなく血が沸騰するような悦《よろこ》びが駆けめぐったよ！

だって、イソギンチャク目の研究の歴史の中で、日本人が「科」を設立したの、史上初なんだぜ！　あの内田亨大先生すらも成し遂げていない、トップ・オブ金字塔《きんじとう》。俺が絡む新属設立も、アンテナイソギンチャク属、テンプライソギンチャク属に次いで三つ目、これも日本人史上最多。４種の記載で、俺が記載した新種は24種になったのだが、これは日本人歴代2位の内田亨先生（８種）にトリプルスコアを付けることになった。記録においても記憶においても、超鮮烈な論文になったんだよね！

さあ今度こそ、教員の立場で、堂々とプレスリリースを出してやろう。

新聞デビューからの、書籍デビューへ

福山大学からプレスリリースが出たのは2023年6月のこと。実をいうと、このプレスリリース自体は、思ったほどの反響は得られなかったんだよね。歯に衣着《きぬ》せぬ言い方すると、やっぱりテンプラやチュラウミが流行ったの、東大パワーが死ぬほどデカかったのよ。福山大学のネームバリューでは、ローカルメディアの取材はあったものの、超ヒットまでいかなかった。

しかし、そこはしたたかな俺。YouTubeや、取材があったローカルメディアを駆使し、徐々《じょじょ》にカワリギンチャク類の研究成果を全国区に押し上げる。研究成果のアピールとともに、「こんなすごい業績を残した福山大学の講師、通称Dr.クラゲさん」という売り出しも欠かさなかった。

そしてついに、夏ごろ読売新聞から声がかかる。読売新聞が日曜日に連載する「サイエンスHuman」という、くらしサイエンス面のほぼ一面を埋める若手科学者の特集に、俺を取り上げてくれるというのだ！　散々いままで利用してきた割にメディア嫌いの俺だが、さすがにこれは食いついておいた方がおおいに得である！　ということで、いそいそと取材

を受ける。ま、相手の記者さんもなかなかこだわりが強い人で、俺もご存じの通りこだわりが超絶強いから、すんなりとはいかなかったんだけどな。けっこうな丁々発止《ちょうちょうはっし》の末、2023年10月に、全国区でこの記事が出る（**図8**）。なぜか、九州沖縄版だけ載らなかったんだけど。

この反響はめっちゃすごくて、知り合いからのLINEやメッセージに交じって、出版社からのメールが何件も入ってきた。「書籍を書いてみませんか？」というお誘いである。俺、本のネタは山ほどあったのに、意外にも出版社のツテがなかったんだよね。つまり、絵にかいたような渡りに船！　その中に、本書刊行元の晶文社さんの名前もあった。

そうして、ついにこの『なぜテンプライソギンチャクなの

牧野富太郎博士のような存在になりたい

福山大海洋系統分類学研究室講師

泉貴人さん　32

サイエンス Human

イソギンチャク24新種発見

研究余録

落研の話術で動画発信

図8　読売新聞に俺が大々的に取り上げられた。泉が現代を生きる牧野富太郎の如く書かれている。まさにその通りだよ。（読売新聞、2023年10月22日付朝刊）

か？』が生まれたというわけだ。誕生秘話を本文に堂々と書くメタい本、これぐらいだよ。図らずも、タイミング的に学部・修士・博士・卒業後が良いバランスで執筆できた、絶妙な時期だったと思っている。

やっぱり全国紙のパワーって、すごいんだね。メディア（てかテレビ）が大嫌いな俺だけど、これからは多少は柔軟《じゅうなん》に対応しようかな……。ま、絶対に取材お断りの局もあるんだけどね。

まだまだあるぞ隠し玉！　秘蔵の種を先行公開！

こうして、一つの金字塔が打ち立てられた。博士課程の頃、右も左も分からずにカワリギンチャク類に手を出して、もう8年になるのか。……いや、むしろ10年以内に上科全体の整理を完了させてしまうなぞ、運もよければ仕事量も半端ないんだけどな。ここまで書きあげたいまだけは自己陶酔《とうすい》に浸らせてくれや。

ところで、カワリギンチャク類の仕事が終わってから、恥ずかしながら泉はすこし、なかだるみ状態というか、ひと仕事終えて気が抜けてしまった状態だった。当然、講義はちゃんとやるし（自慢じゃないが俺の授業、いつも学生のアンケートの評価めっちゃいいんだからね）、大学の雑務も愚痴《ぐち》を言いつつもきちんとこなしていた。なぜか最若手の俺が、学科の新カリキュラムの編集という貧乏くじ、いや大役をおおせつかっていたし。だがそれにかまけて、カワリギンチャク類以降の仕事が停滞していたのは事実なのだ。

いかんいかん、こんなんじゃ、カワリギンチャク類の整理が、俺の人生最後の大仕事になっちまう。日本でイソギンチャクを分類できる人間は、先述の吉川を入れても4人しかいない。その一人である俺が気炎を吐き続けなければ、日本のイソギンチャク研究は止まってしまうし、何より、本書を買ってくださった皆さまに合わせる顔がない！

だから最後に、いまとっておきの2種類の未記載種を、本書を手に取ってくださった皆さんだけに、どこよりも早く先行披露しておこう。

一つ目はウミノフジサン（海の富士山・仮称）。これは、底引き網で採集される、海底に棲むイソギンチャク。触手を引っ込めるとどう見ても富士山であり、実際富士山のお膝元である相模《さがみ》湾や駿河《するが》湾で採集される。このイソギンチャク、セトモノイソギンチャク上科というグループに入るということがＤＮＡの解析で判明したんだけど、この仲間にしてはあまりに形態がフリーダムゆえ、科すらも既存のものにあてはまらない。ふたたびの新科設立を視野に入れた、大仕事になるであろう（イソギンチャク図鑑㉒）。

そして二つ目は、ポケモンの中で聞き覚えのある方もいるであろう、ゲンシカイキ（原始回帰・仮称）。そんな名前をどんなイソギンチャクにつけるつもりだ？　と思われるだろう。このイソギンチャク、世界で130年ぶりに採集されたムカシギンチャク科の新種のイソギンチャクなのだが、DNAの系統解析を行うと、「普通のイソギンチャク」と「ムカシギンチャク」をつなぐ中間の位置にいることがわかったんだよね。ムカシギンチャク科になる途中だから「原始回帰」ってわけ。いつものとおりネーミング先行だけど、めっちゃ面白い種なんだよな（イソギンチャク図鑑㉓）。

本書『なぜテンプライソギンチャクなのか？』とこの2種の新種記載論文、どっちが先に世に出るかな？　この本より先に論文が出ていたら、泉が論文執筆をサボらずに計画的にやったということで、おおいに褒めてあげてください。

最後までメタいことメタいこと……。ま、茶番を旨とする本書らしい終わり方だね。

イソギンチャク図鑑 12

ヘラクレスノコンボウ

Haloclava hercules sp. nov

尋常イソギンチャク亜目・コンボウイソギンチャク科

藤井琢磨氏、柳研介氏提供

アンテナイソギンチャクやチビナスイソギンチャクと同じ科のイソギンチャク。この種のすさまじいところは、棍棒状の触手の先に、異常にでかい刺胞があること。なんと最大サイズは273マイクロメートル、泉自身が発見したギョライムシモドキギンチャクのサイズを優に超えて、刺胞動物が持つ刺胞の史上最大サイズを更新した。

学名、和名共にギリシャ神話の「ヘラクレス」が入っている。強烈な刺胞を装塡した触手を、棘《とげ》のついたヘラクレスの棍棒に見立てたネーミングだ。

この種、沖縄での暇に任せて、「書き始めてから2週間での投稿を目指す！」という遊び感覚で論文を書いた。そんな軽い感じで動物分類学会の雑誌に投稿したら、なんと若手論文賞を受賞することに。こんなことなら、もうすこしばかり本気で書いておけばよかったな。

宝石ムシモドキギンチャクたち

Edwardsianthus spp.

イソギンチャク図鑑 13

変型イソギンチャク亜目・ムシモドキギンチャク科

ルビームシモドキギンチャク
（柳研介氏提供）

サファイアムシモドキギンチャク
（藤井琢磨氏提供）

南方のムシモドキギンチャク類の中には、とっても色彩がきれいなものがいる。一気に4種紹介しよう。

触手の色が鮮やかな赤、メタリックな青、目の覚める緑色、そしてすこしくすんだ紫色と、まさに色とりどり（白黒では伝わらないのが無念）。ムシモドキギンチャク類の中では体長がきわめて大きく、メタリックブルーの奴は30センチほどにもなる。それはつまり、触手環の直径や触手の長さも比例して大きいということだから、明るい海底ではとかくド派手に目立つ。それぞれの色から、ルビー（写真左）・サファイア（写真右）・エメラルド・アメジストの名をつけさせてもらった。

まさに宝石のようなムシモドキたち。しかし、こいつら、非常に深く砂を掘るうえに、そろいもそろって臆病ですぐに引っ込む。だから、ダイビングで採集するのは、並大抵の苦労ではないとか。まあ、それ以前に俺自身は一回もこいつらを自力で採集できたことないんだけど。

ホント俺、人の褌《ふんどし》で相撲取ってるなあ……。

イソギンチャク図鑑 14

ヨツバカワリギンチャク

Isactinernus quadrilobatus

変型イソギンチャク亜目・ヨツバカワリギンチャク科

四葉のクローバーのごとく、四つの葉っぱ状の構造が口の縁《ふち》に開くのが特徴。しかし、イソギンチャク図鑑⑩で示したクローバーカワリギンチャクの方が、口の縁がハート形になるため、四葉のクローバーっぽいんだよね。

この種は1918年に、オスカー・カールグレンという外国人が日本から採集された標本をもとに新種記載した種。その後、熊野灘および甑島（鹿児島県）で採れた標本をもとに、俺らが論文で再記載した。

色鮮やかなカワリギンチャク界隈にあって、白くて地味な種なんだけど、押しも押されもせぬヨツバカワリギンチャク科の代表種である。この科には聞き覚えがあるだろう、そう、俺が立てた「新科」だ！　そういう意味でも、思い出深い種である。

イソギンチャク
図鑑
15

オオカワリギンチャク

Isohalcurias citreum sp. nov.

変型イソギンチャク亜目・カワリギンチャク科

とんでもなく鮮やかな黄色い体を持つ、カワリギンチャクの一種。“オオ（大）”という名前がついているが、イソギンチャク図鑑❾/⓫に記したセイタカカワリギンチャク・チュラウミカワリギンチャクのに方が大型になる。
和歌山県のみなべ町の沖に、本種が群生する一大生息地がある。だが、キレイなので乱獲《らんかく》され、個体数が減ってしまったとか。現在は個体数回復の活動がされている。
本文に書いたとおり、昔は*Halcurias levis*という別の学名がついていたんだけど、不適格な学名だったんだよな。で、新しい学名の*citreum*は、本種の真っ黄色な体の色にちなんで「レモン・柑橘類」を意味するラテン語。学名はわかりやすくなきゃね。

イソギンチャク図鑑 16

アバタカワリギンチャク

Halcurias hiroomii sp. nov.

変型イソギンチャク亜目・カワリギンチャク科

富山湾特産とされていたカワリギンチャクの仲間。俺の研究で、太平洋側にも分布していることがわかった。体はオレンジ色で、白い粒々（刺胞の塊）が体壁についている。

本種の特徴は、体の下の部分（写真でいうと右が下）を肉片にして切り離し、その部分から新しい個体ができてくる「無性分裂《むせいぶんれつ》」という増殖をすること。魚津水族館の水槽では、最初数匹だけ入れたアバタカワリギンチャクが、100個体以上に増殖しているのだとか。なんとも、ゾンビみたいなイソギンチャクだな。

ちなみに、こちらもオオカワリギンチャク同様、学名が不適格だったから変更された種だね。前の学名は*Halcurias japonicus*といった。日本を代表する種の学名すらも変えてしまう、血も涙もない分類学の大ナタ。ホンネをいえば、ついでに和名も見た目から「オレンジカワリギンチャク」に変更したかったんだけども……。

ヨウサイイソギンチャク

Capnea japonica

イソギンチャク図鑑
17

尋常イソギンチャク亜目・ヨウサイイソギンチャク科

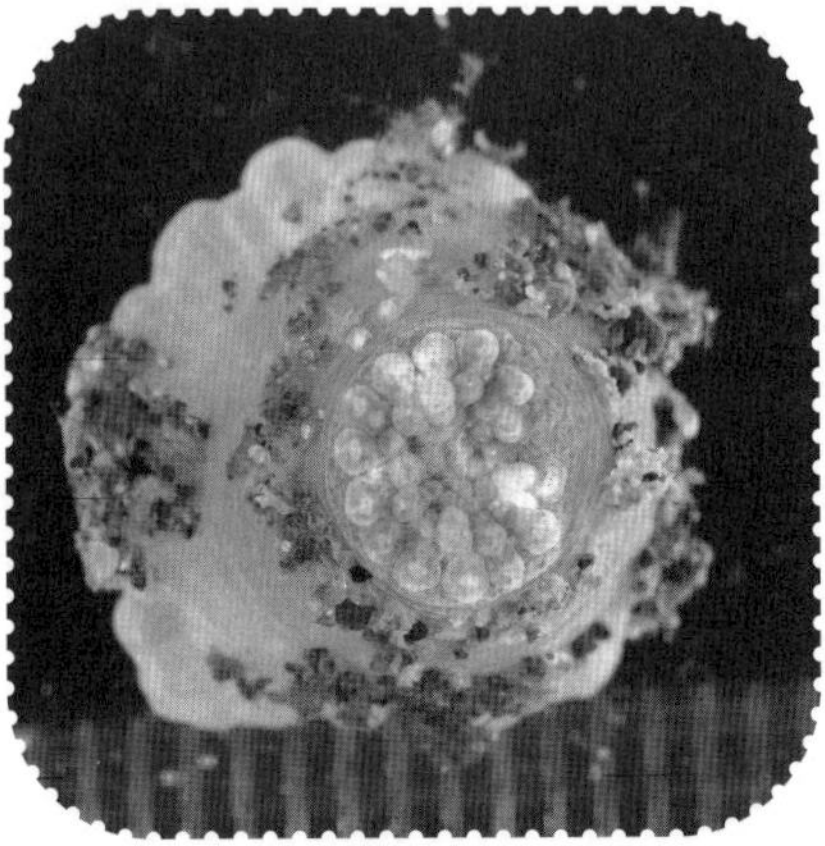

柳研介氏提供

玉状の触手が口盤にびっしり並ぶ、イソギンチャクの中でもけっこう不気味な種だ。既知種だからすでに和名がついていたのだが、ぶっちゃけこの“ヨウサイ”の由来はわからねえんだよな。トーチカのイメージの「要塞」なのか、カリフラワーとかの「洋菜」なのか。俺だったら、触手がびっしり並んだ口盤から「ヤツメウナギイソギンチャク」とか名付けるのだが。

この種はこんな面白い発見譚《たん》がある。柳さんが「このイソギンチャク、絶対新しい標本が欲しいんだよね〜」と、ヨウサイイソギンチャクのタイプ標本の写真を見せてくれた。その瞬間、俺の頭に、三崎で採れたイソギンチャクの写真群の中に似たようなのを見た記憶が、突如としてよみがえった。「え？ それ三崎で2014年に採れてませんでした？」と。その標本、柳さんが固定して持って帰っていたんだよね。2人で海博の標本庫に直行し、「なんだ、あるじゃん！！」と笑い合い、そっから一気に再記載までこぎつけた。俺のすさまじい記憶力が、すべての点を線につなげた、語り草のイソギンチャクだ。

イソギンチャク
図鑑
18

リュウグウノゴテン

Telmatactis profundigigantica sp. nov.

尋常イソギンチャク亜目・イワホリイソギンチャク科

チュラウミカワリギンチャクに続く、沖縄美ら海水族館との共同作。本種の特徴は赤黒く毒々しい体と、その見た目に負けず劣らずの毒の強さ。複数の強毒のカクテルらしく、刺された患部《かんぶ》は融《と》けて抉《えぐ》れることもあるとか……怖すぎる！

本種もチュラウミカワリギンチャク同様、沖縄の深海に棲んでおり、無人潜水艇ROVにて採集された。ROV搭載《とうさい》のビデオによると、本種のまわりに深海性のエビが群れて棲んでいる。強い毒を持つ本種が、天敵からの用心棒になっているのだろうか。

「竜宮《りゅうぐう》の御殿《ごてん》」の名称は、本種の赤黒く大きな体を、琉球の伝統建築の赤瓦の御殿になぞらえたもの。深海でエビを守るような、堂々たる生態にも似合っている自慢の名前だ。

イソギンチャク図鑑 19

ヒメキンカライソギンチャク

Stylobates carcifer sp. nov.

尋常イソギンチャク亜目・キンカライソギンチャク科

吉川晟弘氏提供

ジンゴロウヤドカリの殻の上に共生する新種のイソギンチャク。ただヤドカリの殻、つまり“宿”に付着するだけのほかの種類のイソギンチャクと違い、本種は自身の分泌物で“ヤドカリの宿を増築する”というきわめて珍妙な生態を持つ。

新種といっても、図鑑で未記載種のまま「ヒメキンカライソギンチャク」という和名だけは先についていたんだよね。よって、我々は学名のみを定めることになった。

本種は、世界の特筆すべき海洋生物トップ10（2023年）に選ばれた。この種がヒットした要因は、面白すぎる生態（殻造り）もあれど、やはりこの「カルシファー」の命名をおいてほかにない。元ネタを知れば知るほど、このイソギンチャクに“言い得て妙”な名前であり、吉川氏のネーミングセンスに恐れ入る……いや、俺を凌駕する才能に恐れすら覚える。

イソギンチャク図鑑
20

イチゴカワリギンチャク

Halcurias fragum sp. nov.

変型イソギンチャク亜目・カワリギンチャク科

大森紹仁氏提供

カワリギンチャク類は基本的に、深海に棲むから、ダイビングではめったにお目にかかれない。その例外がこの種で、佐渡の虫崎《むしざき》という、浜からもダイビングで行ける場所の岩の下に群れている。日本のカワリギンチャク類の中で一番小さく、2センチメートルを超えることはない。

赤い体に白い粒々（刺胞の塊）があるから、イチゴと名前をつけてみた。我ながら、非常にしっくりくるネーミングができたと思っている。まれに、体が真っ白な個体がいて、そいつは「白イチゴ」と呼んでいる。

イソギンチャク
図鑑
21

リンゴ
カワリギンチャク

Isohalcurias malum sp. nov.

変型イソギンチャク亜目・カワリギンチャク科

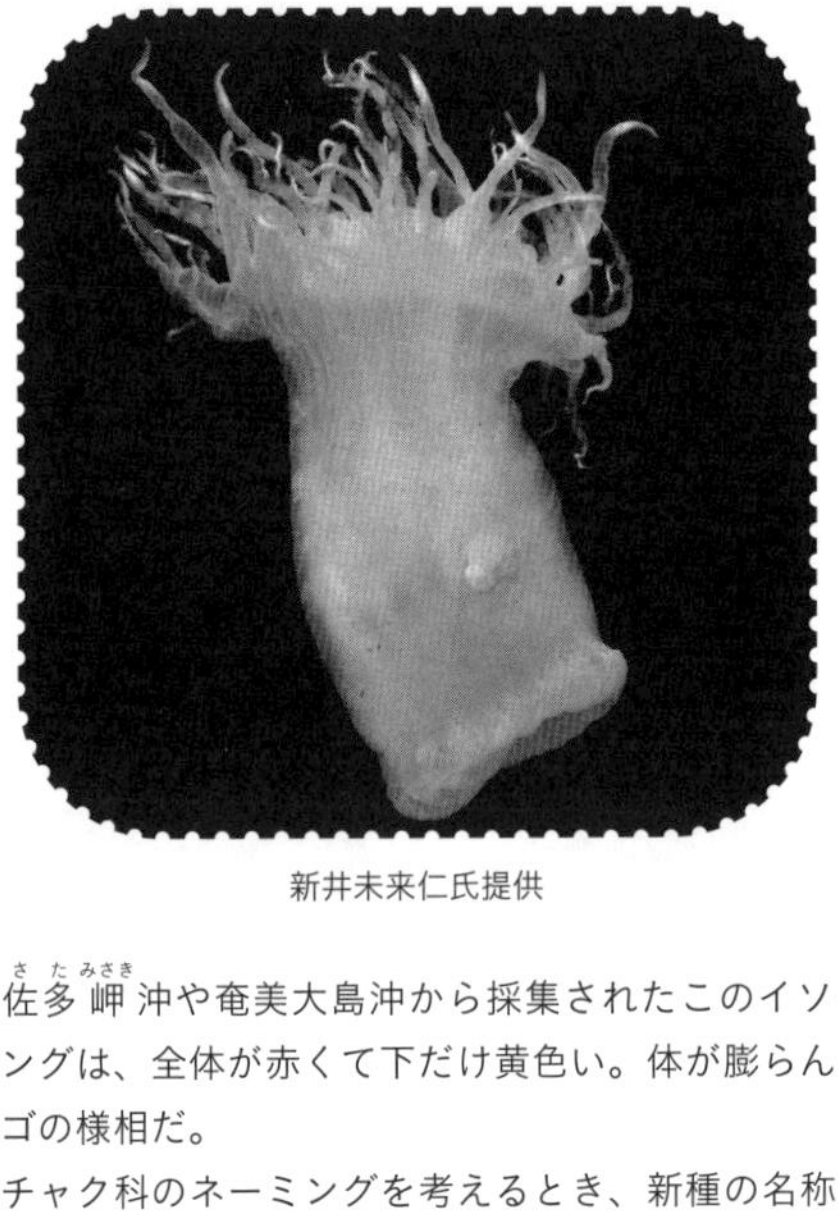

新井未来仁氏提供

鹿児島県の佐多岬《さたみさき》沖や奄美大島沖から採集されたこのイソギンチャクのカラーリングは、全体が赤くて下だけ黄色い。体が膨らんでいると、まさにリンゴの様相だ。

カワリギンチャク科のネーミングを考えるとき、新種の名称はフルーツで統一しようと考えた。イチゴがいるなら、こいつはリンゴであろう、とね（前述のとおり、オオカワリギンチャクの学名も、ラテン語でレモン）。

沖縄美ら海水族館の水槽で飼われているのだが、アバタカワリギンチャクと同様に、黄色い部分を肉片にして無性分裂するという生態が確認されている。

イソギンチャク図鑑 22

ウミノフジサン（仮称）

Actinostoloidea fam. gen. sp.

尋常イソギンチャク亜目・科不明

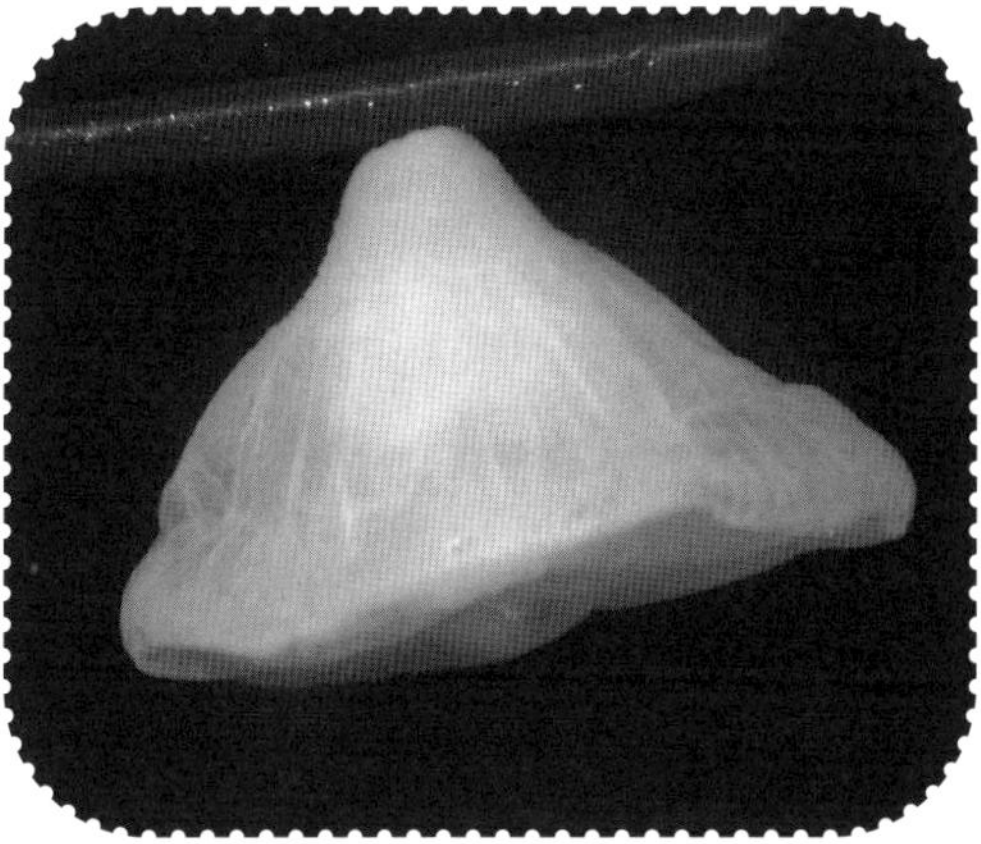

見てくれ、このプロポーションを！　どう見ても富士山じゃねーか！
この末広がりの異様な姿で、しかも断面を取っても下に行くほど隔膜が増えていくという異質さから、分析しても何の仲間かすらわからなかった。DNAを解析すると、どうもイソギンチャク図鑑⓱ヨウサイイソギンチャクに近いグループだと判明した。
最初、本種の産地は三崎の沖と、駿河湾の石花海堆《せのうみたい》という場所だった。富士山を望む相模湾や駿河湾で採集されたから、「フジサン」の名前をつけたのだが……その後、岩手県の大槌《おおつち》や高知沖でも記録されてしまった。まあ、本種は日本固有種だし、この名前でいいか。ネーミングって、実にいい加減だね。

ゲンシカイキ（仮称）

Gonactiniidae gen. sp.

尋常イソギンチャク亜目・ムカシギンチャク科

森滝丈也氏提供

体長数ミリメートル。テンプライソギンチャクレベルの小ささで、しかも透明で華奢《きゃしゃ》。こんなイソギンチャク、誰が見つけんだよ？　というこの種に注目したのは、やはり鳥羽水族館の名物飼育員、森滝丈也さん。俺も渡された瞬間にピンと来て、調べてみたら、世界で2属2種しかいないムカシギンチャク科のイソギンチャクだった！　しかも新種となれば世界で130年ぶり、太平洋全体で科のレベルで初記録、おまけに系統解析したら新属になりそう、という欲張りセット。こんな、世界のイソギンチャク学者が喉から手が出るほどの逸品《いっぴん》が、水族館スタッフの手により発見される。これも「水族館生物学」の一つの究極形なんだろうなあ。ここまで怪物級の発見なら、“ゲンシカイキ”、つまり原始回帰という名前にも負けてないんじゃない？　ちなみに、この言葉が出てくるポケモンでは、ゲンシカイキというのは「伝説級のポケモンが、原始のさらに強力な姿に回帰する」という現象を指している。こんなちっこいイソギンチャクに名付けるにはちょっと壮大すぎるかも？

COLUMN 4

「YouTuberのDr.クラゲさんですよね!?」
〜研究者がYouTubeをやる理由〜

突然だが皆さま、いますぐパソコン、もしくはスマートフォンを取り出してください。そして、YouTubeから、「水族館マスター・クラゲさんラボ」または、「Dr.クラゲさん」と検索してください。一番上に出てきたチャンネルがありますよね？　そのチャンネルにある「チャンネル登録」というボタンを、一回だけ押してください。ボタンに「登録済み」と表示されたら、チャンネル登録完了です。

お疲れ様でした。はい、コラムおしまい。

ニッチな、根暗で陰キャの巣窟

……完全にふざけました、ごめんなさい（笑）。実は、俺は研究者であるとともに、学術系のYouTuberでもある。今までたまに使ってた「Dr.クラゲさん」ってあだ名、実はYouTubeでの通り名なんだよね。博士課程のときに開設し、琉球大時代に本格的に始動したYouTubeチャンネルで、クラゲやイソギンチャクの情報、分類学の知識、昨今のアカデミアの問題点など、色々なテーマを発信しているのだ。現状、プロの学者、特に大学の先生でYouTubeをやっている人間は少ないので、我ながら非常に貴重なチャンネルとなっているんだよね。

そもそもなぜYouTubeを始めたのか？と聞かれると、けっこう複雑な経緯があるのだ。ときは2016年にさかのぼる。コラム②で語った東大落研の、最上級生（7年目）に就任したとき。最上級生にもなると、寄席《よせ》の出演枠を下級生にゆずる必要が出るのだが、落語は演じ続けたかったので、YouTubeに落語チャンネルを開設したんだよね。あ、そのチャンネルは間違っても検索しないでいいぞ、登録者17人の黒歴史だから。

そのときのサブチャンネルとして雑談用に開設したのが「Dr.クラゲさんの研究室」、

COLUMN 4 「YouTuberのDr.クラゲさんですよね!?」
～研究者がYouTubeをやる理由～

現在の「水族館マスター・クラゲさんラボ」である。最初はただの雑談チャンネルだったが、2019年、思い立ってとあるシリーズを投稿したところ、一気に登録者が伸びた！ それは、コラム①や本章で語ってきた日本学術振興会特別研究員、通称〝学振〟への応募の仕方を解説した「学振〝必勝〟講座」だった。本編でははしょったが、この泉、大学院生のときにも学振特別研究員になっていた経験があった。※ 成功例として、後輩からアドバイスを求められることが多かったので、「あれ？ これを発信したら見てくれる人多いんじゃね？」と思い立ち、YouTubeの雑談チャンネル（当時、登録者なんと9人）で動画を投稿してみたら、ことのほかヒットしたんだよね。もちろん、落研で磨いた話術や、生来《せいらい》の毒舌があったからこそなんだろうが、そもそもアカデミアのネタって、かなりの需要がある割に、供給する発信者がまったくいなかったのよ。多分うちの界隈って、基本的に根暗・陰キャしかいな

※学振特別研究員・PDについては本章の冒頭で説明したが、それとは別に「学振特別研究員・DC」という制度も存在する。これは「博士課程の学生が採用される廉価《れんか》版の特別研究員」という感じの制度で、大学院生の間に研究をしながら給金をもらえ、職歴もゲットできるという制度。倍率はPDよりも低いが、給金も6割程度である。俺は博士課程のときにも、2年間の学振特別研究員に採用されていた。

いからなんだろうけど。

世界初！　YouTuberの大学講師

そのヒットを皮切りに、学会発表のコツを赤裸々《せきらら》に語る「学会〝必勝〟講座」、論文の書き方のコツをあますところなく伝える「論文塾」、研究者の一日に起床から就寝まで密着する長編シリーズ「或《あ》る研究者の１日」など、ヒットシリーズがいくつも生まれた。「ゼミ生」とクラゲさんが呼称する常連の視聴者様もついてくださり、登録者は３０００人近くまで膨れあがっている（２０２４年５月現在）。９人からスタートしたチャンネルで、しかもこんなコアなコンテンツしか扱わないのに、よくここまで伸びたなあ……と我ながら思うね。

チャンネルが育ってきたことを示す、こんなエピソードがある。

突然だが〝学会〟には、動物分類学会のような分野特化型の少人数学会もあれば、動物学会や生態学会など、広い分野を扱う規模の大きな学会もある。そんな大学会の場合、懇親会《こんしんかい》は大人数の入れるホテルのホールとかで行われるのだが、当然周りは知らない人ばかりである。そんななかで、俺は（風貌が目立つからか）よく声をかけられるのだが、最近、「おう、泉君！」「泉先生！」のほかに、タイトルのように「Dr.クラゲさんですよね？」と声をかけられることが増えた。もちろんそのあとには「いつもYouTube見てます！」という言葉が続く。つまり、アカデミア界隈に、俺の視聴者さんが増えてきたということだ。学会の神髄《しんずい》は人脈作りにある。こういうところから、研究者の皆さんと交流が生まれ、本業の仕事に結びつくこともあるんだよね。人づきあいが嫌いで、他人の顔を覚えられない俺にとっては、本当にありがたいことである。

YouTuberをやっていてお得だったことは、それにとどまらない。実は、先述した現職の福山大学の公募に通った理由の一つに、このYouTubeの存在があったのだ。お偉いさん曰く「広告力を買った。うちは大人しい先生が多いから、泉先生がどんどん矢面《やおもて》に立ってくれ！」だそうだ。手前味噌だが、「YouTuberをやっていたから大学の公募に通った」なんて、アカデミア界であとにも先にも俺だけなんじゃない？

おかげさまで、いまでは生物系・学術系のYouTubeチャンネルでは、最大レベルの影響力を誇るにいたった。YouTubeの視聴者様から仕事の依頼をいただいたり、メディアの方から取材の依頼を受けたりね。本書だって、YouTuberをやっていなければ、舞い込むことは絶対になかった案件だろう。この広報力こそ、ほかの学者が絶対に持っていない、俺の唯一無二の強みなのだ！　前述した学会での件といい、〝生物系最強インフルエンサー〟という肩書、板についてきた感があるね。

……だが俺は満足できない。これでもまだまだDr.クラゲさんには、影響力が足りねえ。いまこそ読者の皆さまの御力が必要なのだ！

だから皆さん、今すぐパソコン、もしくはスマートフォンを取り出して（略）。

エピローグ

我がイソギンチャク道、まだまだ道半ば……。

カワリギンチャクの論文の
出版も完了し、一段落した俺。
しかし、これ、博士論文の
「三本柱」のうち、たった1本を
出版したに過ぎない。
まだまだ論文化したいテーマが、
大小合わせて
248個ほどあるのだ。
最高速の歯車の勢いを
衰えさせぬよう、
泉は今日も明日も、
未完のイソギンチャク道に
向き合う——。

突然だが、この泉が尊敬してやまない落語家がいる。

それは、落語界の鬼才、五代目立川談志《たてかわだんし》師匠。コラム②で記した通り、俺は志ん生や圓生の落語で育ったのだが、東大落研の時代に一番聞いて、誰よりも憧れたのは談志だった。落語の腕や話術だけでなく、「人間性は最低、芸は最高」と巷で言われるような生き方、破天荒《はてんこう》なエピソード、そしてそのなかで弟子や家族に見せていた意外な人間性。俺が落研に入ってすぐに師匠が亡くなってしまったので、生で落語を聞くことはとうとう叶わなかったが、いまでも思い出したように聞いている伝説の落語家だね。この本は、極論を言えば元落研の俺が、研究遍歴を奔放《ほんぽう》に〝語り倒した〟ものである。ときに毒をきかせ、ときにブラックジョークを混ぜながら人生を語る様子、まさに立川談志の言う〝人間の業《ごう》〟をリスペクトしたものだ。

もう一人、尊敬する人物と言えば、かの有名な博物学者、南方熊楠《みなかたくまぐす》先生も外せない。あの著名な科学雑誌『ネイチャー』に日本人で一番多くの記事を載せ、生物に限らずあらゆるものに精通した博物学の天才として有名だが、その人物たるや破天荒を地で行く。〝日本人の可能性の極限〟なんて褒め言葉、中二ごころをくすぐるではないか。実は俺は、自分をほかならぬ南方熊楠先生の生まれ変わりだと信じている。母校開成の大先輩であり、同じ博物学寄りの生物学をやっているのだから、その辺の奴よりは名乗る権利があるだろう。

ここまで読んでくださった皆様なら百も承知だろうが、俺のイソギンチャク道は、生物学の狭い枠には囚われない、南方熊楠先生にも恥じない豪快さを持つ。いずれ、南方熊楠賞（民俗学・博物学の貢献者に贈られる栄誉）も取ってご覧に入れよう。

まあ他にも、俺が尊敬してやまない人物はあと一人ぐらいいるのだが、総じて異常なほどの変人かつ、天才がゆえの傲慢でありながら、どこかしらに人間味があり憎《にく》めない、そんなぶっ飛んだ人物たちだ。俺はそんな人物像を目指して、生き馬の目を抜くアカデミアで邁進《まいしん》してきたんだ。本書でそんな片鱗《へんりん》を、ぜひ感じ取っていただけていたら恐悦至極だよ！

そんなイメージで、立志から現在までの、俺のイソギンチャク道を奔放に語ってきた。なんか、あっという間だったな。正直書いてみて思うのが「俺の研究人生、こんな薄っぺらかったっけ……？」って感想。おかしいな、本当は10冊分ぐらいの原稿量になっているはずなんだけど。だが、分量はともかく、「語れること・エピソード」に関しては、どんな若手研究者よりも多かったと自負している。

かつて博士課程の頃、開成の同期で東大の薬学部の奴と飲んだときに、話したことがあった。どうも、あちらさんの学問分野では「学生が自分で研究テーマを決めて、それを究める」なんてこと、めったにないんだってね。ほぼすべてのテーマ、および出世のレールを、指導教員やラボが用意するんだとさ。だから、そいつに「テーマを考えてそれを独力で解決しているお前（泉）が、俺にはものすごく見えるんだ」とマジな顔で褒められた記憶がある。普段一緒にふざけ倒して、マウント取り合ってたような、ここだけの話、俺よりよほど優秀な薬学部の奴に、である。だから、そのときはあまりの気恥ずかしさから「いや、出世のレールがあるってうらやましいことよ？　俺はこの先何年食えねえかわからんのだからな」とか嘯《うそぶ》いていたが、たしかにここまでオリジナルの世界を展開してきた人間、この世にほぼいないのかもね。

だって、理学の王道の基礎研究にあって、時代遅れと揶揄《やゆ》される分類学を専攻し（第1章）、あえて指導教員の勧めに逆らってまで難しいイソギンチャクに挑み（第2章）、伝統的な分類学の王道すらぶっ壊して新時代の仕事を行い（第3章）、そのバイタリティーを注ぎこみ、すべてを蹴散《けち》らして一国一城の主《あるじ》にまでなった（第4章）のだから。ここまで〝勝手上等・唯我独尊《ゆいがどくそん》〟を貫いたこのイソギンチャク道こそ、俺が生きた最強の証よ。

それにしても、あの薬学部の野郎、元気にしているかな。そういえばそろそろ同窓会のシーズンか。これで胸張って、開成の同窓会に行ける。同級生に、たっぷりこの本売りつけたるわ（笑）。

いきなりあとがきにきったない金勘定《かねかんじょう》を書いてもしゃーないので、我がイソギンチャク道の今後の展望でも見てみようか。

・イソギンチャク図鑑❺でちょこっと書いた、「ホソイソギンチャクがムシモドキギンチャク科でなくなる!?」という話。いま、現在進行形で、系統解析の詰めを行っている。それによると、ホソイソギンチャクがムシモドキギンチャク科はおろか、さらに上位のグループ、変型イソギンチャク亜目からもパージ（追放）されてしまうという結果が出ているのだ。あんなに1章分になるほど仕事をした挙句に、亜目すら違ったというオチがつくの、ある意味俺らしいね。

・ムシモドキギンチャク上科とヤツバカワリギンチャク上科のみが属する、変型イソギンチャク亜目。なんとここに、第三勢力が入ってきそうなんだよね。ナスビイソギンチャク類というグループなんだけど、この加入により、イソギンチャクの進化の根幹に触れることができそうなんだ。俺の代で、イソギンチャクの進化論に一つの区切りをつけてしまいたい。

・ムシモドキギンチャク科をDNAで解析したら、属がバラッバラに入り乱れるカオスな状態になってしまった。カワリギンチャク以上に、分類には大鉈を振るわないといけない。現在、世界で一番この科に関して多くの属の遺伝情報を所有しているのは、間違いなくこの泉だ。最若手とはいえ、そこそこものになった現在、俺が世界の研究者を手足のように使い、一つの分類体系を作ってみても罰《ばち》はあたるまい。

・まだまだ、俺が推し進める水族館生物学の余地は計り知れない。たとえば、アクアマリンふくしまさんからいただいた複数のイソギンチャク標本については、そろいもそろって俺が苦手な分類群であるがゆえ、ろくな分析結果を弾き出せていないし、それ以外のいくつもの水族館からも、イソギンチャクにクラゲにと、山ほど標本提供や分析依頼を受けている。本書の執筆が終わったら、また分析に戻らねば！

そのほか、大学院生時代から積み上げたこまごました標本の仕事までふくめると、100、200を超える仕事が眠っている。そういえば、最近はイソギンチャクのみならず、本命のクラゲの分類にも手を出してしまったのだった。俺の身一つではとても足りないという、なんとも贅沢な悩みが、そこにある。

……あらら、先の展望だけで、もう1冊分ぐらいの内容が出ちまったね。こりゃ、続編『なぜテンプライソギンチャクなのか？ 2』の出版も、決まったようなものだ。まだまだ印税で稼ぐぞー！（結局金勘定の話かい！）

最後に、こんな傲慢を絵にかいたような泉だけども、世話になったいろんな方にはすごく感謝してるんだよ。

俺の研究のスタートダッシュを支えてくれた〝大将〟伊勢優史さん（現・黒潮生物研究所）、〝イソギンチャクの師匠〟としてずっと薫陶を受け続けた柳研介さん（千葉県立中央博物館分館 海の博物館）に、〝ドクター・ライマー〟ことJames Davis Reimerさん（琉球大学）。本編では名前を出していなかったが、卒研の指導教員である上島《うえしま》励《れい》さん（東京大学）、大学院の指導教員の親愛なる〝おっちゃん〟藤田《ふじた》敏彦《としひこ》さん（国立科学博物館）。ささやかなる研究人生のなかで、ずいぶんいろんな先生に教えを請《こ》うたんだな。

標本提供や論文化で特に世話になったのは〝好敵手〟自見直人（現・名古屋大学）に、〝ヤドカリ同盟〟吉川晟弘（現・国立科学博物館）、カワリギンチャクの標本を泉に多数託してくれた藤井《ふじい》琢磨《たくま》さん（現・日本大学）に、チュラウミカワリギンチャクの東地拓生さん（沖縄美ら海水族館）やテンプライソギンチャクの森滝丈也さん（鳥羽水族館）などなど。水族館界隈では、沖縄美ら海水族館をはじめ、いおワールドかごしま水族館、西海国立公園九十九島水族館、串本海中公園、鳥羽水族館、竹島水族館、魚津水族館、アクアマリンふくしま、鶴岡市立加茂水族館など。これ以外の水族館の方にも、NCBや学会等で情報提供を存分に受けている。イソギンチャク採集では北海道大学厚岸臨海実験所・新潟大学佐渡臨海実験所、そして電子顕微鏡やDNAの分析では、筑波大学下田臨海実験センター・名古屋大学菅島臨海実験所の各施設の力添えも欠かせなかった。もちろん、古巣の東京大学、三崎臨海実験所、国立科学博物館、琉球大学、そして現職の福山大学の皆さまにも、今昔問わず多分にお世話になっている。

このほか、ゆかりの方々や機関の名前まで羅列《られつ》すると、あとがきが1章分レベルになってしまうほどなので、とても全員のお名前は挙げられない。分類学はある意味〝人脈勝負〟であり、人嫌いの泉も案外、多くの人と関わらせていただいているのだ。そんな周囲の皆さまに、おおいに感謝しております。そういう方々がこの本を手に取ってくださっていたら、マジで独りで狂喜乱舞してます。

最終章に記した通り、本書は、読売新聞の記事を見た晶文社の竹田純さんが声をかけてくださったのを発端に、出版までこぎつけることができた。書籍執筆が初めてで、右も左もわからなかった泉に、ご丁寧に出版とは何たるかを教えてくれた。それなのに、ここだけの話、「ここは変えたくない」とごねたり、「それは早く言ってくれよ」とキレたりとやりたい放題だった俺。何歳のガキだよ……とか思われていただろう。粘り強く対応して下さったことも含めて、ここで竹田さんに盛大な感謝と、そして謝罪をさせていただきたい。

そして何より、「お前の出す本を読むまでは死ねない」と言っていた、親バカの泉の両親。お前には研究者しかない、となかばあきらめ気味のエールを、ガキの頃からずっと送ってくれたっけね。嗚呼《ああ》、あなた方がこの世に生み出したクソガキは、いつしかここまでの〝豪傑〟になってしまいましたよ。万感《ばんかん》の感謝をこめて、本書を仏壇に供えて……いや、両親とも元気に生きてるから、サインして直接寄贈しよう。

まあ、それ以前に多分、すでにこの本大量に買い込んでるだろうな。サインペンだけ持って、実家に凱旋《がいせん》しましょうかね（笑）。

2024年　イソギンチャクが季語になる春に

難易度目安：
☆…楽しむ用
★…最初に見るならコレ
★★…興味を持った人向け
★★★…もっと勉強したい人向け

第2章

[参考文献・ページ]

・**『イソギンチャクガイドブック』、内田紘臣・楚山勇、TBSブリタニカ（2001）**
初のイソギンチャク専門のガイドブック。良くも悪くも、
日本のイソギンチャク研究の方向性を決定づけた本。（★）

・**「おうちで体験！かはくVR」**
https//www.kahaku.go.jp/VR/
大学院で在籍した国立科学博物館、
その展示のすさまじさを、家にいながら体験できるVRページ。（☆）

・**「動物系統分類学研究者・内田亨先生 ひたすらに生き物の美しさと向き合って」**
https://www2.sci.hokudai.ac.jp/dept/bio/research/1320
ホソイソギンチャクの記載者、内田亨先生の詳細はこちらから。
読めば読むほど、ネタにするのが畏れ多い先生だとわかります（笑）。（★）

・**「ゴカイ道」、自見直人（2023）、『タクサ：日本動物分類学会誌』、第55巻、1–8頁**
https://www.jstage.jst.go.jp/article/taxa/55/0/55_1/_article/-char/ja
盟友である自見ちゃんが、分類学会の賞を取ったときの記念講演の内容。傍から見ると、
やけにマジメに書いてるなあと思うわ。（★★）

[論文]

・**「Re-description of *Metedwardsia akkeshi* (Cnidaria: Anthozoa: Actiniaria: Edwardsiidae), Discovered in Akkeshi, Hokkaido, Almost 80 Years after Original Description, with a Revision of the Diagnosis of Genus *Metedwardsia*」、Takato Izumi et al.（2018）、『Species Diversity』、第23巻2号、135–142頁**
https://www.jstage.jst.go.jp/article/specdiv/23/2/23_230204/_article/-char/ja/
ホソイソギンチャクの原著論文。動物分類学会の雑誌につき、
元からオープンアクセスとなっております。（★★★）

参考文献＆ウェブページリスト

第１章

[参考文献・ページ]

・**『動物の系統分類と進化』、藤田敏彦、裳華房（2010）**
泉の指導教員が著した分類学の専門書。あまり身内を褒めたくはないが、
分類学の基本を身につけたい人には一番おススメ。（★★★）

・**『新種の発見──見つけ、名づけ、系統づける動物分類学』、岡西政典、中公新書（2020）**
俺のラボの先輩、兄貴分と慕う方（主にボケとツッコミの関係で）の著書。
『なぜテン』で新種に興味を持ったら、次に手に取ってください。（★★）

・**「イソギンチャクはどんな生きものの仲間？」**
https://www.chiba-muse.or.jp/UMIHAKU/kenkyu/yanagi/donna/donna.html
イソギンチャクの師匠である柳さんが、
俺が本文で語り切れなかったようなイソギンチャクの秘密を語ってます。（★）

・**「分類学に基づいた動物学──海綿動物を例に，"海綿動物門第4の綱：同骨海綿綱"」、**
伊勢優史（2013）、『タクサ：日本動物分類学会誌』、第34巻、18–24頁
https://www.jstage.jst.go.jp/article/taxa/34/0/34_KJ00008587127/_article/-char/ja/
カイメンの"大将"伊勢優史さんが語る、
テンプライソギンチャクの"衣"の属するグループの分類についてのまとめ。（★★）

・**「カイメンと共生する新属新種「テンプライソギンチャク」**
– ミクロな世界の、ドでかい発見！」
https://academist-cf.com/journal/?p=7473
伊勢さんと共同執筆した、テンプライソギンチャクの発見談。
伊勢さん視点も入ってます。プロフィール写真にネタを凝らしました。（★）

[論文]

・**「First Detailed Record of Symbiosis Between a Sea Anemone and Homoscleromorph Sponge, With a Description of *Tempuractis rinkai* gen. et sp. nov. (Cnidaria: Anthozoa: Actiniaria: Edwardsiidae)」、Takato Izumi et al.（2018）、『Zoological Science』、第35巻2号、188–198頁**
https://bioone.org/journals/zoological-science/volume-35/issue-2/zs170042/First-Detailed-Record-of-Symbiosis-Between-a-Sea-Anemone-and/10.2108/zs170042.full
テンプライソギンチャクの原著論文。
論文賞をもらったから、上記URLでオープンアクセスとなっております。（★★★）

第4章

[参考文献・ページ]

・「**熊野灘のヨツバカワリギンチャク―100年越しの標本で，分類の混乱に終止符を！―**」、**泉貴人他（2020）、『タクサ：日本動物分類学会誌』、第48巻、13–19頁**
https://www.jstage.jst.go.jp/article/taxa/48/0/48_13/_article/-char/ja/
最終章で取り上げたヨツバカワリギンチャクに関し、
その発見の経緯から分類学的整理まで俺自身が語ったもの。（★★）

・「**鳥羽水族館生きもの図鑑**」
https://aquarium.co.jp/picturebook/
こちらは鳥羽水族館の生物図鑑。1章のテンプライソギンチャクから4章の
ヒメキンカライソギンチャクまで、鳥羽水族館さんには長年お世話になっております。（☆）

・「**珍獣図鑑（23）：世界的偉業！ド派手でキュートなカワリギンチャク類の1新科1新属4新種をドドンと発表！**」**（ほとんど0円大学）**
https://hotozero.com/knowledge/animals023/
カワリギンチャク研究の経緯から、俺の人となりまで、インタビュー頂いた記事。
世にも珍しい、俺より毒の強い著者さんが書いています。（★）

[論文]

・「**Fluorescent Anemones in Japan—Comprehensive Revision of Japanese Actinernoidea (Cnidaria: Anthozoa: Actiniaria: Anenthemonae) with Rearrangements of the Classification**」、**Takato Izumi et al.（2023）、『Diversity』、第15巻第6号、773頁**
https://www.mdpi.com/1424-2818/15/6/773
カワリギンチャク総決算の原著論文。
偶然にも、この本に特集した論文、全部オープンアクセスだわ（笑）（★★★）

その他

・「**水族館マスター・クラゲさんラボ（Dr.クラゲさんの研究室）**」
https://www.youtube.com/@dr.kuragesan_lab
泉のYouTubeチャンネル。泉を理解するには、上記のどの文献より参考になります。
本文中に登録していない方、チャンネル登録の最後のチャンスだよ（圧）。
（☆〜★★★まで多種多様）

第3章

[参考文献・ページ]
・**『全館訪問取材 中村元の全国水族館ガイド125』、中村元、講談社（2019）**
俺の原点、『決定版!! 全国水族館ガイド』の最新版。
水族館巡礼者の最強のバイブルになるような1冊。（☆）

・**『美ら海トワイライトゾーン　知られざる深海生物のワンダーランド』、
佐藤圭一（執筆・監修）・沖縄美ら海水族館深海展示チーム（執筆）、
産業編集センター（2023）**

・**「美ら海生き物図鑑」**
https://churaumi.okinawa/fishbook/
沖縄美ら海水族館が作り出した、沖縄特化の最強のビジュアルブック及びウェブ図鑑。
もちろん、チュラウミカワリギンチャクも主役級の扱いで載ってるぞ。（☆）

[論文]
・**「Redescription of *Synactinernus flavus for* the First Time after a Century and Description of *Synactinernus churaumi* sp. nov. (Cnidaria: Anthozoa: Actiniaria)」、Takato Izumi et al.（2019）、『Zoological Science』、第36巻第5号、528–538頁**
https://bioone.org/journals/zoological-science/volume-36/issue-6/zs190040/Redescription-of-Synactinernus-flavus-for-the-First-Time-after-a/10.2108/zs190040.full
チュラウミカワリギンチャクの原著論文。表紙に選ばれたため、
これまたオープンアクセスです。（★★★）

泉 貴人（いずみ・たかと）

1991年、千葉県船橋市生まれ。福山大学生命工学部・海洋生物科学科講師、海洋系統分類学研究室主宰。東京大学理学部生物学科在籍時に、新種であるテンプライソギンチャクを命名したことをきっかけに分類学の道を志す。2020年に同大大学院理学系研究科博士課程を修了。日本学術振興会・特別研究員（琉球大学）を経て、2022年より現職。
イソギンチャクの新種発見数、日本人歴代トップ（24種）。チュラウミカワリギンチャク、イチゴカワリギンチャク、サファイアムシモドキギンチャク、ヘラクレスノコンボウ、リュウグウノゴテンなどインパクトのある命名にも定評がある。
東京大学落語研究会で磨いた話術を活かして、YouTubeチャンネル「水族館マスター・クラゲさんラボ」にて精力的にアウトリーチ活動を行う。X（旧Twitter）では「Dr. クラゲさん」（@DrKuragesan）として発信している。

なぜテンプライソギンチャクなのか？

2024年7月15日　初版発行

著者　泉 貴人

発行者　株式会社晶文社
東京都千代田区神田神保町1-11　〒101-0051
電話03-3518-4940（代表）・4942（編集）
URL https://www.shobunsha.co.jp

装画　高橋将貴
装丁　小川恵子（瀬戸内デザイン）
デザイン協力　髙井愛
印刷・製本　ベクトル印刷株式会社

ISBN978-4-7949-7431-0　Printed in Japan

各章扉のイソギンチャクたち（イラスト：泉貴人）

第1章

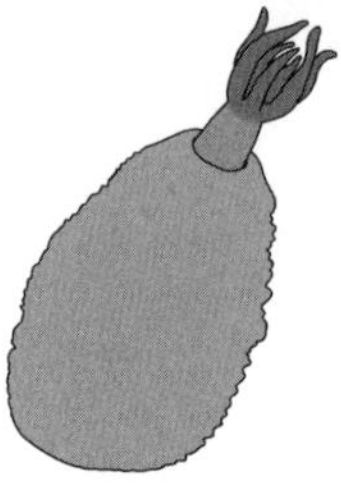

新種
テンプライソギンチャク
Tempuractis rinkai sp. nov.

第2章

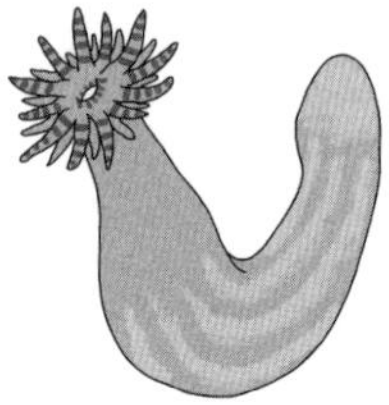

80年ぶりの発見
ホソイソギンチャク
Metedwardsia akkeshi

第3章

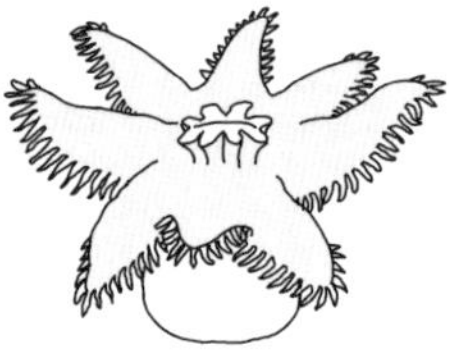

新種
チュラウミカワリギンチャク
Synactinernus churaumi sp. nov.

第4章

新科
ヨツバカワリギンチャク科
Isactinernidae fam. nov.